Matthias Röcke

So fuhren wir in der DDR

Trabi, Barkas & Co.

HEEL Verlag GmbH
Gut Pottscheidt
53639 Königswinter
Telefon: 0 22 23 / 92 30-0
Telefax: 0 22 23 / 92 30 26
E-Mail: info@heel-verlag.de
Internet: www.heel-verlag.de

2. Auflage 2024

Verantwortlich für den Inhalt:
Matthias Röcke

Lektorat:
Jürgen Schlegelmilch

Titelfoto:
© dpa picture alliance

Fotonachweis:
Der Autor dankt allen Einsendern von Fotos und Dokumenten. Die einzelnen Fotonachweise stehen bei den jeweiligen Bildern. Zusätzlich Gerlach Fronemann (Seite 80/81), Udo Paulitz (Seite 6, 96/97) und Matthias Röcke (Seite 154/155).

Satz und Gestaltung:
Ralf Kolmsee, F5 Mediengestaltung, Bonn

Printed in Slovakia

ISBN: 978-3-96664-135-7

Matthias Röcke

So fuhren wir in der DDR

Trabi, Barkas & Co.

HEEL

Inhalt

Vorwort

Das vorliegende Buch „So fahren wir in der DDR“ soll in erster Linie den motorisierten Alltag in diesem Land zeigen. Zwar bin ich seinerzeit dort fast nur mit dem Sonderstatus des Westbesuchers im Westauto „selbst“ gefahren. Den Autoalltag in der DDR habe ich dennoch hautnah erlebt, sei es als Mitfahrer in Trabant, Wartburg und Lada, durch eigene Beobachtungen und Entdeckungen oder in Gesprächen. So habe ich als eine Art teilnehmender Beobachter ungefiltert mitbekommen, wie man in der DDR mit dem Auto lebte.

Zu meinen Entdeckungen aus dieser Zeit gehört auch die Typenvielfalt auf den Straßen, nicht so groß wie im Westen, aber weit mehr als erwartet. Das ist im Buch beschrieben.

In der Hauptsache handelt es aber von der persönlichen Situation der autofahrenden Bevölkerung, der Verantwortlichen in den staatlichen Transportbetrieben oder privaten Unternehmen und in der Industrie. Der Umgang mit Schwierigkeiten und worin diese ihre Ursache hatten, spielt eine wichtige Rolle in dem Buch. Mit dem Mangel geschickt umgehen, den Apparat unauffällig austricksen, sein Ziel erreichen trotz allem und das auch zu schätzen – das gehörte zum Selbstwertgefühl der Menschen in der DDR und drückt sich auch hier aus.

Die Erinnerungen der Betroffenen und Akteure sind der Kern der Schilderungen, auch in Form von Fotos aus deren Bestand. Indem das Buch einen kleinen Blick in das Privat- und Berufsleben Beteiligter gewährt, dokumentiert es die Zeit der DDR als abgeschlossene Epoche auf eigene Art und Weise.

Zwischen den drei Welten Personenwagen, Nutzfahrzeugen und Wohnwagen existieren Gemeinsamkeiten und Unterschiede, jede für sich ergibt ein eigenes Bild der 40 Jahre DDR. Auch wenn es bedeutendere Blickwinkel auf die Epoche der DDR geben mag, so zeichnet die Welt der Kraftfahrzeuge doch exemplarisch auf, wie es damals war – vor nun schon mehr als 30 Jahren! Ich wünsche den Leserinnen und Lesern viel Freude dabei, dem nachzuspüren.

Matthias Röcke,
im Sommer 2020

Autoalltag in der DDR

FM 72-99

Personenwagen im Straßenbild der DDR

Thema Auto bei Ost-West-Begegnungen – hier vergleicht eine gemischte Gruppe den DKW Junior aus der Bundesrepublik mit dem Trabant P 50, aufgenommen 1964 auf dem Marktplatz von Stadtroda in Thüringen. Links im Bild gerade noch zu erkennen ein IFA F8 und zwei Vorkriegsautos.
Foto: Christiane Haase.

Die Grenze zwischen Ost und West, zwischen der DDR und der Bundesrepublik, war wenig bis gar nicht durchlässig; die Lebensverhältnisse für die Menschen diesseits und jenseits des Zaunes entwickelten sich über 40 Jahre sehr unterschiedlich auf allen Ebenen. Zwei konträre Gesellschaftssysteme standen bei den Menschen im Wettbewerb. Da gab es große Unterschiede, propagiert besonders von der politischen Führung der DDR, die nicht nur eine neue Gesellschaft, sondern auch gleich den neuen „sozialistischen Menschen" schaffen wollte.

Im Alltag aber war sich alles viel ähnlicher, besonders vor Ort bei den Menschen. Selbstverständlich gab es ein Zusammengehörigkeitsgefühl über die brutale Grenze hinweg, in Familien auf beiden Seiten ohnehin, aber auch sonst, wenn auch stärker von Ost nach West ersehnt als umgekehrt. Und das Klischee, dass die Deutschen ihr Auto besonders lieben, manifestierte sich dann – wenig überraschend – in einer großen Gemeinsamkeit von Ost und West: Denn kaum ein Thema ist beispielsweise bei familiären Begegnungen mehr diskutiert worden als das Auto.

Es bot ja auch genug Gesprächsstoff, spiegelt es doch eigene Möglichkeiten und Wünsche wider und macht die Unterschiede deutlich. Das Thema Auto diente oft als Einstieg in die obligatorischen Ost-West-Debatten, die stets die privaten Begegnungen befruchteten und beiderseits zu tiefen Erkenntnissen führten. Nach dem Auto hatten die Runden am Familientisch auch andere Diskussionspunkte, ohne das Auto ging es aber wohl nie ab.

War der Besucher mit dem Westauto dann weg, nahm auch der Autoalltag in der DDR wieder seinen Lauf. Leider hieß das für den DDR-Bürger die alles beherrschende Mangelwirtschaft und den Frust darüber zu ertragen, dass sich die Lage über Jahre eher verschlechterte als verbesserte: Werkstatttermine, Ersatzteilbeschaffung, den richtigen Moment zum Tanken abpassen (wenn die Tankstelle gerade offen hatte und keine 20 Autos davorstanden), der Blick auf die Bestellung samt langer Lieferzeit des nächsten Autos beim IFA-Vertrieb. Trotz hoher Kaufpreise stand das Geld nicht so sehr im Mittelpunkt, denn die geringe Kaufkraft der DDR-Mark und die sehr niedrigen Lebenshaltungskosten in der Grundversorgung ließen die Sparbücher anwachsen.

Das ganze Dilemma rund um das Auto in der DDR zeigte sich natürlich am deutlichsten im Fahrzeugangebot. Warum kamen denn keine besseren Modelle von den heimischen volkseigenen Betrieben und denen der anderen sozialistischen Länder? Der Ruf der Entwicklungsabteilungen von Wartburg und Trabant in der Bevölkerung war vermutlich nicht der beste, der Laie fragte sich, was denn dort geschah außer kleiner Verbesserungen zu jeder Leipziger Herbstmesse. Solches Denken war ebenso verständlich wie ungerecht. Nur der aufmerksame Leser von Fachmedien wusste von Projekten wie dem gemeinsam mit anderen Herstellern zu entwickelnden „RGW-Auto". Hier gab es spärliche Informationen, während die vielen anderen Prototypen in Zwickau und Eisenach der breiten Bevölkerung verbor-

Straßenszene vor dem Hauptbahnhof in Dresden im Jahr 1974: Tagsüber während der üblichen Arbeitszeiten beherrschten Nutzfahrzeuge das Bild – hier eine Reihe IFA S 4000.
Foto: Matthias Röcke

Kein Geld für Häuser, Straßen und Bürgersteige – die Bausubstanz der DDR verfiel zusehends. Hier eine Szene aus Neustadt in Sachsen im Jahre 1985.
Foto: Siegfried Neumann

gen blieben. Tatsächlich hatten die Entwicklungsabteilungen an beiden Standorten und im Motorenwerk Karl-Marx-Stadt immer die Hand am Puls der internationalen Entwicklung. Aber stets kam das Aus von ganz oben. Nur weil nicht alle Prototyen – entgegen der Order – vernichtet worden waren, ließ sich nach der politischen Wende dokumentieren, was hätte sein können bei Wartburg und Trabant.

Im sozialistischen Gesellschaftsbild der DDR hatte der Individualverkehr, also das Auto, keinen hohen Stellenwert, ungeachtet des hohen Bedarfs in der Bevölkerung. Das führte zu einer Gängelung der Industrie; nur kleine, halbherzige Schritte waren möglich. Auch weil im letzten DDR-Jahrzehnt dem System insgesamt das Geld ausging, staute sich ein immer größerer, unaufholbarer technischer Rückstand auf bei den Fahrzeugen und in der Produktion. Ähnlich verlief es auch in anderen Wirtschaftszweigen, aber nirgendwo ist es so transparent geworden wie in der Automobilproduktion.

Mit und ohne Polizeipräsenz verlief der Straßenverkehr der DDR in der Regel wohl geordnet – hier ein Parkplatz am Hauptbahnhof von Dresden Ende der 1970er mit Moskwitsch, Lada, Wartburg, Barkas, Trabant und einem Streifenwagen der Volkspolizei.
Foto: Matthias Röcke

Familienfest: Die Reihe der Autos spiegelt die Zusammensetzung der Familie wider. Vor dem Wartburg Tourist ist ein Audi 80 geparkt – aufgenommen in den frühen 1980er Jahren.

Foto: Peter Uberig

Das Ende der Eigenständigkeit: Für kurze Zeit werden in Zwickau Trabant und Volkswagen Polo auf einem Band montiert. Der Kleinwagen aus der DDR hatte sich überlebt. *Foto: Sachsenring*

Projekt VW-Motor

Auch daraus wurde nichts, diesmal aber aus anderen Gründen. Anfang der achtziger Jahre hatte das Politbüro offenbar doch die politische Dimension der Unterversorgung mit Kraftfahrzeugen erkannt. Ein guter Teil der Unzufriedenheit der Bevölkerung in der DDR mit den wirtschaftlichen Verhältnissen artikulierte sich auf diesem Feld. Günter Mittag, im Politbüro verantwortlich für die gesamte Wirtschaft der DDR, ein Mann mit weithin gefürchtetem Durchsetzungsvermögen und in den Augen der Generaldirektoren und der Betriebsleitungen des Automobilbaus die treibende Kraft des seitherigen Anti-Autokurses, wollte nun eine Wende schaffen. Allerdings verließ sich Mittag bei dem folgenden Großprojekt nicht auf das Können der Entwicklungsabteilungen in Zwickau und Eisenach sowie im Forschungszentrum von Karl-Marx-Stadt, sondern schlug den Weg der Lizenznahme ein. Eine Fertigungsstraße für Motoren aus dem Volkswagenkonzern, die dort wegen Überkapazitäten nicht mehr gebraucht wurde, war das Kernstück des letzten Kapitels des DDR-Automobilbaus. Die Anlage wurde aus Hannover in das Barkas-Werk nach Karl-Marx-Stadt verpflanzt, die DDR bezahlte mit Rumpfmotoren, die Volkswagen bei sich ergänzte und verbaute.

So weit nicht schlecht, gehörten doch zur Grundidee auch neue Karosserien für Trabant und Wartburg. Abgesehen davon, dass für Letztere wiederum kein Geld da war, sie verschoben und durch den Lauf der Ereignisse dann nicht mehr verwirklicht wurden, ist festzuhalten: Unter dem Strich ging die Rechnung nicht auf. Die Motorenproduktion lief zwar an, Trabant und Wartburg erschienen mit den Viertaktern, das Ganze war aber erheblich teurer geworden als veranschlagt. Unter anderem mussten die Zulieferer in der DDR vielfach erst in die Lage gebracht werden, ihren Teil in der erforderlichen Qualität beizutragen. Außerdem witterten sie ihre Chance und beantragten neue Anlagen über den Bedarf der Arbeiten für den neuen Motor hinaus. Gewaltige Investitionen waren nötig, statt der geplanten 3,6 Milliarden Mark verschlang das Projekt 9,7 Milliarden. Von der SED ganz ungewollt, hatte die Aktion aber auch ein Gutes: Die beteiligte Zulieferindustrie in der DDR bekam einen Schub an Neuentwicklungen durch diesen Motor in die Hand und konnte so Rückstände aufholen. Genau diese Betriebe schafften nach 1990 die Umstellung auf das neue Wirtschaftssystem und bilden heute zusammen mit dem VW-Werk in Mosel bei Zwickau und dem Opel-Werk in Eisenach den Kern des stark entwickelten Automobilbaus in den neuen Bundesländern.

AWZ P 70 *Die Generalprobe für den Trabant*

Klar und einfach gestaltet, aber schon in neuer Karosseriebautechnik gefertigt: Limousine P 70, beim Fototermin auf der Terrasse von Schloss Pillnitz bei Dresden.
Foto: Automobilwerk Zwickau

Wäre alles nach Plan gelaufen, hätte es dieses neue Auto aus dem Jahre 1955 gar nicht gegeben. Selbst die in solchen Dingen stets den offiziellen Sprachgebrauch wiedergebende Fachpresse der DDR sprach vom „Zwischentyp“ auf dem Weg zum Kleinwagen, also zum späteren Trabant. Dessen Einführung dauerte aber auf der produktionstechnischen Seite länger als geplant, so dass der F8 nicht mehr als Einstieg in das Pkw-Programm dienen konnte. So nahm der VEB Automobilwerk Zwickau (AWZ) die Grundtechnik des F8 und setzte die neue Bauweise der Karosserie um. Statt der Sperrholzkonstruktion mit Holzrahmen gab es nun eine Kunststoffbeplankung auf dem Holzrahmen. Der Werkstoff Duroplast war geboren und hatte sich nun zu bewähren.

Er schaffte das durchaus, wenn auch nicht wenige P 70 – vom Werk auch „Typ Zwickau“ genannt – nach einigen Einsatzjahren deutliche Gebrauchsspuren an Lack und Material zeigten. Auch wird die einfache Pontonform ohne gestalterische Kniffe der frühen, anfangs noch experimentellen Phase der Duroplast-Verwendung geschuldet gewesen sein. Dass der Kofferraum nur von innen zugänglich war, hat wohl auch darin seinen Grund. Sein großes Plus konnte der P 70 im Platzangebot ausspielen, unter anderem war die hintere Sitzbank um 150 Millimeter breiter ausgefallen als im F8. Besonders profitierte der Kombi: Bei umgeklappter Rückbank stand eine Fläche von 1500 x 1100 Millimetern zur Verfügung. Sogar ein Coupé in Kleinserie wurde Limousine und Kombi zur Seite gestellt.

Weiteren Platzgewinn brachte die Vorverlegung des Motors vor die Vorderachse in Querlage. Für eine kurze Zeitspanne erfüllte der Zwischentyp seinen Zweck als robustes, geräumiges und modern gestaltetes Auto. Und als Generalprobe für die in viel größerem Umfang realisierte Fertigung des Trabant (siehe S. 50), dem er nach vier Jahren schließlich Platz machen musste.

AWZ P 70

Antrieb	Front, Zweizylinder-Zeitaktmotor 690 cm³/22 PS, Quereinbau, 3-Gang-Getriebe
Aufbau/Fahrwerk	Profilrohrrahmen vorn Dreiecklenker und Querblattfeder, hinten Starrachse und Querblatt-feder Karosserie aus Duroplast auf Holzrahmen
Maße	Länge/Breite/Höhe (mm): 3740/1430/2380 Radstand (mm): 2380
Leistungswerte	Höchstgeschwindigkeit (km/h): 90 Verbrauch (l/100 km): 7
Preis	9250 Mark
Bestand (1988)	8691
Produktionsstückzahl	36.796

BMW/EMW 340 *Taxifahrt im Sechszylinder*

EMW 340: Früher ein beliebtes Taxi, heute ein attraktiver Oldtimer. Foto: Matthias Röcke

Es war sicherlich ein Glücksfall für das BMW-Werk in Eisenach, dass die sowjetische Besatzungsmacht Autos brauchte und welche von BMW haben wollte. Deshalb konnte das Werk noch 1945 mit der Montage des BMW 321 beginnen. Eine Demontage des Werkes, sonst die Regel in der sowjetisch besetzten Zone, war damit vermieden. Die Bevölkerung hatte allerdings nichts davon, denn die allermeisten der rund 7600 gebauten Autos gingen in die Sowjetunion oder an sowjetische Dienststellen in der DDR, einige auch ins westliche Ausland. Für den Westexport waren auch die großen BMW 327 als Coupé und Kabriolett bestimmt.

Anders war es mit dem BMW/EMW 340 ab 1949 – das Werk nannte sich nach einem Rechtsstreit mit der Mutter BMW in der Bundesrepublik seit 1952 EMW (Eisenacher Motorenwerke) –, ihn gab es für den Bürger zwar auch kaum zu kaufen, er rollte aber als allgegenwärtiger Dienstwagen und eben als (hochwertiges) Standardtaxi bis in die 1960er Jahre auf allen Straßen der DDR. Hier konnte mit etwas Glück jeder gewöhnliche Staatsbürger die Gediegenheit und den Komfort der Sechszylinder-Limousine erleben –

oder als Patient in einem Krankenwagen, einer Abwandlung der Kombiversion. Der BMW/EMW 340 fußte auf dem BMW 326 von 1936, war aber durch die komplette Neugestaltung des Vorderwagens gekonnt aufgewertet. Einige Verbesserungen wie eine Leistungssteigerung des Zweiliter-Motors und ein neues Getriebe flossen in das Fahrzeug ein. Der 340 blieb die einzige echte Weiterentwicklung des BMW-Erbes in Eisenach, sieht man von den Rennsportwagen jener Zeit ab.

Die BMW-Gene machten den EMW 340 zum begehrten Exportfahrzeug – hier ein nach Schweden verkauftes Exemplar mit stolzem Besitzer.

BMW/EMW 340

Antrieb	Heck, Reihensechszylinder 1971 cm³/55 PS, Längseinbau, 4-Gang-Getriebe
Aufbau/Fahrwerk	Tiefbett-Kastenrahmen vorn Dreieckslenker und Querblattfeder hinten Starrachse und Längsfederstäbe Ganzstahlkarosserie
Maße	Länge/Breite/Höhe (mm): 4600/1765/1630 Radstand (mm): 2870
Leistungswerte	Höchstgeschwindigkeit (km/h): 120, 0-100 km/h (s): 35 Verbrauch (l/100 km): 11,5
Preis	15.000 Mark
Produktionsstückzahl	21.249

Mit dem Dacia nach Rumänien – in der Anfangszeit bewährte sich der Lizenz-Renault auch in der Qualität.
Foto. Dr. Carsten Seidel

Hoch erfreut nahmen am Autogeschehen interessierte DDR-Bürger die Existenz des Dacia (historische Bezeichnung für Rumänien) zur Kenntnis. Zeitgleich mit dem nagelneuen Renault 12 begann im Hebst 1969 am rumänischen Standort Pitesti die Fertigung des Lizenzmodells Dacia 1300. Ein Westauto auf dem DDR-Markt, das klang viel versprechend. Für die rumänische Staatswirtschaft war es der Sprung in die Produktion von Personenwagen. Zunächst wurden sämtliche Teile aus Frankreich zur Montage angeliefert, schon nach kurzer Zeit steuerten neu aufgebaute rumänische Zulieferbetriebe Einzelteile wie Kühler, Thermostat, Schläuche und die Reifen bei. Ab 1972, exakt zum Exportbeginn in die DDR, griff die heimische Fertigung auf Motor und Achsen über.

Zunächst hielt der Dacia, was sich der Käufer in der DDR von ihm versprochen hatte. Qualität, Komfort und Fahreigenschaften stellten durchaus Westniveau dar, der Verbrauch erwies sich als niedrig. Dacia entwickelte das Auto in kleinen Schritten weiter. Meist ging es um Ausstattungsdetails und um stilistisch zweifelhafte optische Auffrischungen, so beim Typ 1310 ab 1983 und dem

1310TX ab 1986. Der parallel gebaute Kombi gelangte ebenso wenig in die DDR wie die Pick-up-Ausführungen.

Mit zunehmender Importdauer trat das generelle Dacia-Problem zu Tage: Je mehr rumänische Teile die Originale aus Frankreich ersetzten, um so mehr litt die Qualität. Das belegt deutlich das Ergebnis einer Umfrage zur Wendezeit der Zeitschrift „Auto" unter 2850 Dacia-Besitzern. Zum Dacia 1310 hatten nur noch 12,8 Prozent der Befragten die Meinung, ihr Auto sei zuverlässig. Beim Dacia 1300 waren es noch 23,4 Prozent gewesen – gewiss auch kein Traumwert. Dem Dacia blieb die traurige Rolle eines am Schluss heftig geschmähten Objekts, trotz des allgemeinen Automangels. Versuche, den Dacia in der Bundesrepublik zu verkaufen, scheiterten zweimal schon im Ansatz. Das sehr erfolgreiche französische Original (Gesamtstückzahl mehr als vier Millionen) wurde 1979 vom Renault 14 abgelöst. Vom Dacia entstanden immerhin auch 2.061.225 Fahrzeuge. Heute spielt Dacia mit großem Erfolg die Rolle der Billigmarke im Hause Renault.

Dacia ganz rumänisch: Als 1310 hatte der Importwagen gravierende Mängel dank heimischer Zulieferer. Hier ein Pressefoto des niederländischen Importeurs.

Foto: Primacar B.V.

Dacia 1300/1310

Antrieb	Front-Reihenvierzylinder, 1298 cm^3/54 PS, Längseinbau, 4-Gang-Getriebe
Aufbau/Fahrwerk	Selbsttragend Einzelradaufhängung vorn Starrachse, Schraubenfedern hinten
Maße	Länge/Breite/Höhe (mm): 4340/1640/1430 Radstand (mm): 2441
Leistungswerte	Höchstgeschwindigkeit (km/h): 140 0-100 km/h (s): 22 Verbrauch (l/100 km): 8
Preise	23.450 bis 24.950 Mark
Import-Gesamtzahl	77.695
Bestand	68.472 Einheiten

IFA F8 *Neuanfang mit DKW-Erbe*

Anfang der 1980er Jahre mitten in Sachsen: Diese (sehr seltene) Kabriolett-Limousine hat ihr Autoleben fast hinter sich.
Foto: Matthias Röcke

IFA F8

Antrieb	Front, Zweizylinder-Zweitaktmotor 690 cm³/20 PS, Längseinbau, 3-Gang-Getriebe
Aufbau/Fahrwerk	Profilrohrrahmen vorn Dreieckquerlenker und Querblattfedern hinten Starrachse und Querblattfeder Karosserie aus Sperrholz, mit Kunstleder bezogen
Maße	Länge/Breite/Höhe (mm): 4000/1480/1480 Radstand (mm): 2600
Leistungswerte	Höchstgeschwindigkeit (km/h): 85 Verbrauch (l/100 km): 7,4 Preis: 8415 Mark
Bestand (1988)	9123
Produktionsstückzahl	26.267

Der IFA F8, die Neuauflage des DKW F8, war von Haus aus äußerst robust. Entsprechend lang hielten gut gepflegte Exemplare durch. Foto: Udo Paulitz

Mit dem IFA F8 fing alles an beziehungsweise ging alles weiter nach dem Zweiten Weltkrieg. Vorgestellt 1948 und in Produktion ab 1949, sorgte dieser erste Pkw des neu gegründeten Industrieverbandes Fahrzeugbau (IFA) als Ergebnis der Verstaatlichung der Betriebe in der DDR für ein Ausrufezeichen. Die DKW-Tradition aus Sachsen ist noch da, lautete die Botschaft, gerichtet auch gegen die im Westen neu gegründete Auto Union mit ihren DKW-Fahrzeugen. Dass es sich beim IFA aus dem Audi-Werk um den früheren DKW F8 handelte, störte nicht, denn fast alle Hersteller wagten den Neuanfang mit Altkonstruktionen.

Dieser von 1939 bis 1942 gebaute DKW F8 Meisterklasse hatte sich einen guten Ruf als relativ erschwinglicher Mittelklassewagen robuster Bauart erworben. Auf dem Kastenprofilrahmen saß eine mit Kunstleder bezogene Sperrholzkarosserie, so dass die Realisierung verschiedener Karosserievarianten kein großes Problem darstellte. Zu DKW-Zeiten reichte es nur zu einem Luxus-Kabriolett, IFA stellte diesem Duo dann eine Kabriolimousine und einen geschlossenen Kombi zur Seite. Vom Kabriolett gab es zwei verschiedene Karosserien, beide in Stahlblech vom früheren Karosseriewerk Gläser gefertigt und sehr elegant gezeichnet.

Zu jener Zeit war es ohnehin nur wenigen Menschen vorbehalten, ihren Traum vom eigenen Auto zu verwirklichen, deshalb störte es kaum, dass der größere Teil der neu aufgelegten DKW im westlichen Ausland an den guten Ruf der Marke anknüpfte und Devisen in die junge DDR brachte. Dennoch war der IFA F8 eine Notlösung, weshalb der VEB Kraftfahrzeugwerk Audi in Zwickau kaum Weiterentwicklungen betrieb. Immerhin blieb er bis 1957, dem Beginn der Trabant-Fertigung, in Produktion. Schon in den 1980er Jahren hatte der F8 in der DDR den Status eines hoch geschätzten Oldtimers, daran konnte auch der allgemeine Automangel nichts ändern.

Nachträglicher Umbau: Aus einem Lieferwagen mit geschlossenem Aufbau wurde ein Pritschenwagen.
Foto: Matthias Röcke

IFA F9 *Früh am Start mit neuer Technik*

Noch einmal nach dem F8 konnte das verstaatlichte Audi-Werk vom DKW-Erbe profitieren und weil es im Gegensatz zur in Düsseldorf neu gegründeten Auto Union GmbH an der Quelle saß, hatte es mit seinem Dreizylinder-DKW die Nase vorn. 1950, drei Jahre vor dem West-Pendant, begann die Produktion des noch in den Kriegsjahren entwickelten F8-Nachfolgers mit seiner bemerkenswerten stromlinienförmigen, aus DKW-Zeiten noch vertrauten Karosserie. Parallel gab es aus Düsseldorf dieselbe Karosserie mit dem Zweizylinder des F8, genannt F89/Meisterklasse.

Neuer Motor, neues Getriebe und neue Karosserie – dieser IFA, vorgestellt schon 1948, gebaut ab 1950, sorgte für großes Aufsehen. Das Auto sah gut aus mit seinen geschwungenen Kotflügeln, Hauben und dem Dach – allein die geteilte

Als erstes Modell bekam der IFA F9 den Dreizylindermotor von DKW. Obwohl in relativ kleiner Stückzahl gebaut, hielt sich das einst topmoderne Auto lange im Straßenbild der DDR.
Foto: Udo Paulitz

Heckscheibe will nicht so recht passen –, es hatte Platz für vier und war flott unterwegs.
Der neue Motor bot nämlich nicht nur acht PS mehr, sondern auch ein um 50 Prozent erhöhtes Drehmoment (74 Nm satt 49 Nm). Neuheit Nummer drei: Der F9 hatte nun eine Ganzstahlkarosserie. Nur beim Kombi gab es zu Beginn noch Gemischtbauweise im hinteren Aufbau, die dann mit der ersten Weiterentwicklung verschwand. Außerdem gab es einen Pick-up und wiederum zwei bildschöne offene Fahrzeuge, das Kabriolett und die Kabriolimousine mit fest stehendem Fensterrahmen.

Da die Fertigungskapazitäten in beiden Zwickauer Werken schon auf den künftigen Kleinwagen ausgerichtet wurden, musste die F9-Fertigung nach Eisenach ausweichen. Dort soll man sich dieser Gabe nur ungern angenommen haben, das Automobilwerk Eisenach machte sich aber trotzdem sofort an die Weiterentwicklung. Front- und Heckscheibe ohne Steg, größerer Tank, kleine Verbesserungen am Motor – nun 30 PS – und eine leistungsstärkere Heizung ließen sie dem F9 im Jahre 1954 angedeihen und bauten ihn noch bis 1956, als der hauseigene Karosserieentwurf des künftigen Wartburg serienreif war und den Segen der staatlichen Stellen hatte.

Der F9 war als zeitgemäßes Auto hoch geschätzt und gehörte auch noch sehr lange nach Produktionseinstellung zum Straßenbild – in den letzten Jahren der DDR auch schon mit Oldtimerstatus.

IFA F9

Antrieb	Front, Dreizylinder-Zeitaktmotor 900 cm³/28 PS (ab 1954: 30 PS), Längseinbau, 4-Gang-Getriebe
Aufbau/Fahrwerk	Profilrohrrahmen vorn Dreiecksquerlenker und Querblattfeder hinten Starrachse und Querblattfeder Karosserie aus Stahlblech
Maße	Länge/Breite/Höhe (mm): 4200/1600 (Kombi 1650)/1450 (Kombi 1570) Radstand (mm): 2340
Leistungswerte	Höchstgeschwindigkeit (km/h): 110 0-100 km/h (s): 39 (Kombi 52) Verbrauch (l/100 km): 10 (Kombi 11)
Preis	13.200 Mark
Bestand (1988)	7912
Produktionsstückzahl	40.663 (davon 1880 in Zwickau)

In erster Linie war der Lada nicht für die Straßen Mitteleuropas gedacht, sondern für die der Sowjetunion abgewandelt worden: Verstärkungen von Fahrwerk und Karosserie (100 Kilogramm mehr an Eigengewicht gegenüber dem Fiat), mehr Bodenfreiheit, gravierende Änderungen am Motor (fünffach statt dreifach gelagerte Kurbelwelle, oben liegende Nockenwelle, reduzierte Verdichtung) und eine leistungsstärkere Heizung und Entlüftung. Äußerlich stand ein Fiat vor dem Betrachter und das machte das Auto auch so attraktiv für die Kundschaft im Osten. In die DDR kam der Lada (zunächst „Shiguli" genannt) im Jahre 1972 und stieg sofort zum Favoriten des Publikums auf.

Praktischer Kombi in unpraktisch kleiner Serie gebaut: Der Lada 2102 blieb in der DDR immer sehr begehrt. Foto: AutoVAZ

Ohne Sorgen unterwegs ist der Campingfreund im Lada als Zugfahrzeug. Hier der Lada 1200 in der begehrten und sehr seltenen Kombiausführung. *Foto: Ulrich Dähne*

Lada 1200 (Lada 1300)

Antrieb	Heck-Reihenvierzylinder Hubraum 1198 cm^3/60 PS (1294 cm^3/64 PS), Längseinbau, 4-Gang-Getriebe
Aufbau/Fahrwerk	Selbsttragend Einzelradaufhängung, Dreiecksquerlenker, Schraubenfedern vorn Starrachse, Schraubenfedern hinten
Maße	Länge/Breite/Höhe (mm): 4073/1611/1441 Radstand (mm): 2425
Leistungswerte	Höchstgeschwindigkeit (km/h): 140 (145 km/h) 0-100 km/h (s): 20 (18) Verbrauch (l/100 km): 8,5 (9)
Preise	19.922 Kombi: 20.922, (1300: 21.000) Mark

Dem Typ 2101 mit dem 1200-cm³-Motor folgten bald der 21011 (1300 cm³) und der Star des Programms, der 2103. Schon die Doppelscheinwerfer und die kantigere Karosserielinie des „großen" Lada, vor allem aber der Motor mit 75 PS aus 1452 cm³ Hubraum und die bessere Ausstattung verliehen ihm den Hauch eines Oberklasseautos, obwohl er fast die selben Maße hatte wie der 1200/1300. Wer diesen „Mercedes der DDR" fuhr, hatte es zu etwas gebracht, so etwas wurde im auf Gleichbehandlung eingeschworenen Sozialismus genau so empfunden wie in der durch Individualität geprägten westlichen Welt. Ebenfalls im Programm stand der Kombi 2102, wie bei allen Kombis in der DDR besonders begehrt und besonders rar.

Der „Mercedes" der DDR: Die Doppelscheinwerfer verhalfen dem 2103 zu seinem Prestige.

Foto: AutoVAZ

Lada 1500 (Lada 1600)

Antrieb	Heck-Reihenvierzylinder Hubraum 1452 cm³/75 PS (1568 cm³/78 PS), Längseinbau, 4-Gang-Getriebe
Aufbau/Fahrwerk	Einzelradaufhängung, Dreiecksquerlenker, Schraubenfedern vorn Starrachse, Schraubenfedern hinten
Maße	Länge/Breite/Höhe (mm): 4115/1611/1440 Radstand (mm): 2425
Leistungswerte	Höchstgeschwindigkeit (km/h): 150 (154 km/h) 0-100 km/h (s): 17 (15) Verbrauch (l/100 km): 10 (10,2)
Preise	23.500 (24.600) Mark

Mit der Zeit verlor das Werk wieder die Teilhabe am westlichen Standard, die Lada-Baureihe wurde nur langsam und in kleinen Schritten weiterentwickelt. Optische Retuschen und zu Beginn der 1980er Jahre eine deutliche Straffung des Designs (Typen 2104, 2105 und 2107) halfen, den gar nicht so unbedeutenden Verkauf im Westen zu festigen und erfreuten natürlich die wenig verwöhnten DDR-Bürger. Lada blieb bis zum Schluss die Spitzenmarke in der DDR und behielt ihre Reputation für einige Jahre auch nach der politischen Wende.

Top-Lada bis zum Schluss: Der Typ 2107 versuchte den großzügigen Auftritt.
Foto: AutoVAZ

Lada 2105 (Lada 2107)

Antrieb	Heck-Reihenvierzylinder Hubraum 1294 cm³/60 PS (1452 cm³/75 PS), Längseinbau, 4-Gang-Getriebe
Aufbau/Fahrwerk	Einzelradaufhängung, Dreiecksquerlenker, Schraubenfedern vorn Starrachse, Schraubenfedern hinten
Maße	Länge/Breite/Höhe (mm): 4128/1620/1450 Radstand (mm): 2425
Leistungswerte	Höchstgeschwindigkeit (km/h): 145 (150 km/h) 0-100 km/h (s): 18 (17) Verbrauch (l/100 km): 8,8 (10)
Preise	23.650 (28.475) Mark
Bestand (1986)	Lada (alle Typen) 328.568

Lada Samara *Dem Fortschritt auf den Fersen*

Der Lada Samara ist das Ergebnis eines Kraftaktes des russischen Herstellers. Auf einen Schlag war mit ihm 1986 in Konzeption, Entwicklung und Fertigung technischer Rückstand aufgeholt. Der Samara (Typ 2108) entsprach mit Frontantrieb, quer eingebautem Motor und Schrägheckkarosserie den Anforderungen der Zeit an einen Kompaktwagen, zur Serienreife war er mit Hilfe des Entwicklungszentrums von Porsche gekommen und das Werk war mit westlicher Technik modernisiert worden. Nicht dem westlichen Standard entsprachen Verarbeitung, die verwendeten Materialien und Laufkultur des Motors. In die DDR gelangte der Samara ab 1988 in seiner ersten Version, noch als Dreitürer und mit Vierganggetriebe. Seine klar gestaltete Karosserie gefiel durchaus, wenn man großzügig über die ungewöhnliche (und bald wieder abgeschaffte) „Nase" im Frontgrill hinweg sah. Gute Platzverhältnisse, der Frontantrieb und ein Fahrwerk mit Verbundlenkerhinterachse konnten überzeugen.

Vier Türen und die große Heckklappe machen den Lada Samara absolut campingtauglich.
Foto: Archiv HEEL Verlag

Beim Motor handelte es sich um eine Weiterentwicklung des bekannten Reihenvierzylinders aus der von da an noch mindestens 20 Jahre weiter gebauten Reihe 2105/2107. Rundum fertig war der Samara erst mit der fünftürigen Version und dem 5-Ganggetriebe, beide Weiterentwicklungen erreichten den DDR-Markt nicht mehr, fanden aber später auch in den neuen Bundesländern Verbreitung. Die Samara-Baureihe hat auf dem russischen Markt ein langes Leben – auch im Jahre 2009 gehört sie noch zum Verkaufsprogramm des Werkes.

Einen großen Schritt näher an den internationalen Stand der Technik schaffte Lada mit dem kleinen Kompaktwagen Samara.

Foto: Deutsche Lada GmbH

Lada 2108 (Samara)

Antrieb	Front, Reihenvierzylinder 1285 cm³/65 PS, Quereinbau, 4-Gang-Getriebe
Aufbau/Fahrwerk	Selbsttragend Einzelradaufhängung, McPherson-Federbeine, Schraubenfedern vorn Verbundlenker-Achse mit Federbeinen, Schraubenfedern hinten
Maße	Länge/Breite/Höhe (mm): 4006/1620/1400 Radstand (mm): 2460
Leistungswerte	Höchstgeschwindigkeit (km/h): 152 km/h 0-100 km/h (s): 14,5 Verbrauch (l/100 km): 7,8
Preis	32.809 Mark

Moskwitsch *Vorbote aus der UdSSR*

Mit aufgefrischtem Gesicht trat der Moskwitsch als Typ 403 seine letzte Runde an. Hier ein als Oldtimer erhaltenes Exemplar in Russland. Foto: Max Chernjavsky

Der Moskwitsch (Sohn Moskaus) war eine gute Nachricht für die Autofahrer in der DDR, als er 1957 in das Import-Programm aufgenommen wurde: In Technik und Erscheinung nicht unmodern und als Vorbote angekündigter Importe aus der UdSSR, die helfen sollten, den Pkw-Mangel in der DDR zu beheben. Dass das letztlich nie gelang, konnte zu diesem Zeitpunkt keiner ahnen.

Der Moskwitsch ähnelte dem Opel Rekord der selben Jahre, was aber mehr am beiderseits des Eisernen Vorhangs bevorzugten amerikanischen Geschmack lag als an gemeinsamen Wurzeln. Die gab es aber dennoch, denn der Vorgänger des 407, der Moskwitsch 400, war nichts Anderes als der Nachbau des Opel Kadett von 1936 – nach Osten gewandert als Kriegsreparation.

Man muss es den Konstrukteuren des Werkes AZLK in Moskau lassen, dass sie den westlichen Ideengeber Opel mit ihrem 407 in einem Punkt übertrumpften, nämlich mit der vorderen Einzelradaufhängung an Trapez-Dreieckslenkern und Schraubenfedern. Die selbsttragende Karosserie hatte man schon vom Opel Kadett übernommen. Generell war der Moskwitsch auf Strapazierfähigkeit und Langlebigkeit ausgelegt, insbesondere der Motor mit wenig PS aus relativ viel Hubraum in Einheit mit dem Dreiganggetriebe. Die Lenkradschaltung entsprach dem Geschmack der Zeit, weil sie nämlich untrennbar zur begehrten durchgehenden vorderen Sitzbank gehörte.

Warum die Weiterentwicklung 403 hieß, bleibt ein Geheimnis des Werkes. Chromgrill statt Haifischmaul und kleine technische Veränderungen am Motor unterscheiden ihn vom 407, der in seiner zweiten Phase bereits ein Vierganggetriebe

erhalten hatte. Für zwei Jahre musste der 403 ab 1963, nun zumindest optisch deutlich gealtert gegenüber den Opel-Verwandten, die Stellung für den Nachfolger halten. Der schon früh entwickelte, viertürige Kombi kam nur in kleinen Stückzahlen in die DDR. In der Bundesrepublik scheiterten Importversuche kläglich, allein in Belgien auf Grund der dort installierten Endmontage – hier gab es den Moskwitsch auch mit Dieselmotor – kam das Auto auf nennenswerten Westabsatz.

Der Moskwitsch taugt auch zum Oldtimer: 407 in Moskauer Straßen im Jahre 2001.

Foto: Matthias Röcke

Moskwitsch 407 (407/1 u. 403)

Antrieb	Heck, Reihenvierzylinder 1358 cm³/45 PS, 3-Gang-Getriebe (4-Gang-Getriebe)
Aufbau/Fahrwerk	Selbsttragend Einzelradaufhängung, Trapez-Dreieckslenker, Schraubenfedern vorn Starrachse, Blattfedern hinten
Maße	Länge/Breite/Höhe (mm): 4055/1540/1500 Radstand (mm): 2370
Leistungswerte	Höchstgeschwindigkeit (km/h): 115 (125) 0-100 km/h (s): 35 (26) Verbrauch (l/100 km): 8
Preis	15.500 (17.000) Mark

Moskwitsch 408/412/2140

Pressefoto an historischem Platz: Moskwitsch 408 und Wolga Kombi haben soeben die Grenze in Berlin passiert. *Foto: Autoexport*

Immer wieder hat die sowjetische Automobilindustrie große Anstrengungen unternommen, um technologischen Rückstand gegenüber dem Weststandard aufzuholen – meist dauerte dies aber zu lange und geschah nur in Etappen, so dass der Wettlauf aussichtslos blieb. Der Moskwitsch 408 war ein solcher Versuch. Nach langer Erprobungszeit löste er 1966 das Zwischenmodell der alten Baureihe ab, konnte mit seiner modernen, glattflächigen Karosserielinie im Trapezstil auftrumpfen, musste aber mit der Grundtechnik des Vorgängers leben. Den Interessenten in der DDR störte das kaum, denn der Moskwitsch, in großer Zahl importiert, erwies sich schnell als robustes, strapazierfähiges Auto, das ausreichend Platz für fünf Personen bot und auch schlechte Straßen gut vertrug. Die Qualität streute aber stark, manche Moskwitsch erwiesen sich als „Rekordroster".

Eigentlich aber hätte schon der 408 den Motor gebrauchen können, den das Werk 1969 mit dem Typ

412 einführte: Die Verwendung von Leichtmetall, oben liegende Nockenwelle, fünffache Kurbelwellenlagerung, mehr Hubraum und mehr Drehmoment verliehen dem Moskwitsch ein ganz neues Fahrgefühl. Dazu gehörte auch ein neues Getriebe samt Knüppelschaltung. Äußerlich machte der Neue mit einem geänderten Kühlergrill und Rechteckscheinwerfern auf sich aufmerksam. Damit war die technische Entwicklung dieser Baureihe tatsächlich schon abgeschlossen, obwohl es sie noch bis 1990 geben sollte! In der Optik legte man zweimal etwas nach, 1975 durch Wegfall der kleinen Heckflossen sowie in Form versenkter Türgriffe und schwarzer Kühlereinfassung und 1983 bei geänderten Stoßfängern und Blinkereinheiten (Typen 2138 und 2140).

Neuer Motor, neuer Frontgrill: Moskwitsch 412, hier in der Ausführung für Großbritannien.
Foto: Autoexport

Moskwitsch 408

Antrieb	Heck, Reihenvierzylinder 1358 cm³/50 PS, Längseinbau, 3-Gang-Getriebe
Aufbau/Fahrwerk	Selbsttragend Einzelradaufhängung, Trapez-Dreieckquerlenker Starrachse, Schraubenfedern vorn Blattfedern hinten
Maße	Länge/Breite/Höhe (mm): 4090 (Kombi 1510)/1550/1480 Radstand (mm): 2400
Leistungswerte	Höchstgeschwindigkeit (km/h): 120 0-100 km/h (s): 25 Verbrauch (l/100 km): 9,5
Preis	17.300 Mark

Moskwitsch 408/412/2140

Parallel zur Limousine wurde schon früh ein Kombi gefertigt und auch in die DDR exportiert. Sein Merkmal: Die praktische Heckklappe ließ sich in zwei Teilen nach oben und unten öffnen. Schon 1968 konnte die sowjetische Handelsgesellschaft Autoexport auf der Leipziger Frühjahrsmesse den 50.000sten in die DDR gelieferten Moskwitsch übergeben, ein Beleg für insgesamt relativ hohe Importzahlen vor der Lada-Ära. Unter den Bedingungen des DDR-Marktes hat sich der Moskwitsch als Alternative zum heimischen Wartburg durchaus bewährt. Sehr unterschiedlich war die Resonanz in westlichen Ländern. Hohe, bis vierstellige Jahresverkaufszahlen erreichte zeitweilig der Export nach Großbritannien, in Belgien wurden mindestens 2000 Fahrzeuge montiert und mit Dieselmotor versehen, in der Bundesrepublik Deutschland blieb die Resonanz marginal. Kurios die Situation in Österreich: Importeur war der Lkw-Hersteller ÖAF, er erhielt Moskwitsch und Wolga als Bezahlung für in die UdSSR gelieferte Lastwagen.

Das Werk überlebte den gesellschaftlichen Umschwung letztlich nicht. Der neue Typ Aleko, eine noch in sozialistischen Tagen entwickelte Schräghecklimousine, erwies sich als absolut untauglich für die Marktwirtschaft. Der Konkurs erfolgte im Jahre 2006.

Konzipiert für schlechte Straßen: Strapazierfähig wie dieser in Russland als Oldtimer gehandelte Typ 2140 waren alle Moskwitsch.
Foto: Max Chernjavsky

Kleine optische Aufwertung in den 1970er Jahren, erkennbar an den versenkten Türgriffen. Der Kombi wurde allerdings nicht in die DDR geliefert.
Foto: Autoexport

Moskwitsch 2140

Antrieb	Heck, Reihenvierzylinder 1478 cm³/70 PS, Längseinbau 4-Gang-Getriebe
Aufbau/Fahrwerk	Selbsttragend Einzelradaufhängung, Trapez-Dreieckquerlenker, Schraubenfedern vorn Starrachse, Blattfedern hinten
Maße	Länge/Breite/Höhe (mm): 4090/1550/1480 (Kombi 1510) Radstand (mm): 2400
Leistungswerte	Höchstgeschwindigkeit (km/h): 140 0-100 km/h (s): 17 Verbrauch (l/100 km): 8,8
Preis	18.500/18.622 Mark

Lust aufs Fahren machten wie überall auch die DDR-Zeitschriften ihrer Leserschaft – hier sogar auf der künstlerischen Ebene. *Quelle: „Der Deutsche Straßenverkehr 2/1963"*

Polski-Fiat *Spitzenauto aus Polen*

Markante Optik: Die charakteristischen Doppelscheinwerfer wurden ab 1975 in schwarzen Kunststoff eingebettet. Foto: FSO

Polski-Fiat 125p 1300/1500

Antrieb	Heck, Reihenvierzylinder 1295/1481 cm³, 60/70 PS (ab 1975 65/75 PS), Längseinbau, 4-Gang-Getriebe
Aufbau/Fahrwerk	Selbsttragend Einzelradaufhängung, Schraubenfedern vorn Starrachse, Längsblattfedern hinten
Maße	Länge/Breite/Höhe (mm): 4233/1625/1440 Radstand (mm): 2505
Leistungswerte	Höchstgeschwindigkeit (km/h): 140/150 0-100 km/h (s): 18/20 Verbrauch (l/100 km): 9,5
Preise	22.000 bis 23.500 Mark
Bestand (1986)	33.924

Gediegener Eindruck. Der Polski-Fiat 125p markierte vor der Lada-Zeit die Spitze des Autoangebots in der DDR. *Foto: FSO*

Noch vor Lada kam FSO mit einer Fiat-Lizenz in den Autohandel der DDR. 1967 lief in Warschau bei FSO (Fabryka Samochodów Osobowych) der erste Polski-Fiat 125p vom Band, orientiert an aktuellen westlichen Maßstäben und in der Technik abgestimmt auf die rauen Alltagsverhältnisse im Bestimmungsland – genau so, wie die Sowjetunion um die selbe Zeit den Lada ebenfalls mit Fiat konzipierte. Der Polski-Fiat trug die Karosserie des 1966 eingeführten Fiat 125, erhielt aber den Antriebsstrang des nicht mehr aktuellen Fiat 1300/1500. Die Mischung stimmte offenbar, denn der Polski-Fiat verkaufte sich in der Mangelwirtschaft der sozialistischen Staaten und im Westen, insbesondere in Großbritannien, Frankreich und den Benelux-Staaten. Hier natürlich dank devisenorientierter Niedrigpreise, aber eben auch wegen seiner Robustheit, der ansprechenden Karosserieform im Trapezstil und des guten Platzangebots. Kein Ruhmesblatt war dagegen die Rostvorsorge, wohl auch deshalb, weil gerade zu jener Zeit der Lizenzgeber alle Tiefen dieses Themas durchschritt.

Die 60 und 70 PS Leistung der beiden Reihenvierzylinder galten durchaus als gute Werte, andere Punkte (seitliche Nockenwelle, Fallstromregistervergaser) wirkten nicht mehr aktuell. Das galt ähnlich für das Fahrwerk mit Einzelradaufhängung und Dreiecksquerlenkern vorn und der Starrachse mit Längsblattfedern hinten. Scheibenbremsen hatte der Polski-Fiat an allen vier Rädern. Nach Ende des Lizenzabkommens 1982 trug der Pole die Bezeichnung FSO 125p. Schon 1975 hatte er eine schwarz eingefasste Frontabdeckung zwischen seinen charakteristischen Doppelscheinwerfern erhalten.

Der ab 1971 in die DDR eingeführte Polski-Fiat war hoch angesehen. Noch vor dem großen Lada hatte der Pole die Rolle des „Mercedes der DDR" übernommen. Zu Gunsten der Lada wurde der Import dann auch nach und nach eingestellt. Den Polski-Fiat beziehungsweise FSO gab es bis 1991 (Gesamtstückzahl 1.222.887). FSO ist heute ein Montagewerk.

Popjeda und Wolga *Gute Fahrt im Taxi*

Zwar gehörten die großen GAZ-Limousinen aus der Sowjetunion in aller Regel nicht zu den für die DDR-Bürger verfügbaren Neuwagen, sie sind aber dennoch hier aufgenommen, weil sie als allgegenwärtige Dienstwagen für Partei, Behörden und Betriebe und vor allem als Taxi zum Straßenbild gehörten. Wer mit viel Geduld die Warteschlange am Taxistand durchlebt hatte, konnte mit ein wenig Glück eine Fahrt in einem Oberklassefahrzeug erleben und wird vom Komfort nicht enttäuscht gewesen sein.

Ein Pionier: Der Popjeda war das erste Importfahrzeug aus der Sowjetunion. Er stammte aus dem Jahr 1946 und war US-amerikanischem Stil nachempfunden. Hier ein heute als Oldtimer in Russland gepflegter Wagen.
Foto: Max Chernjavsky

GAZ M 20 (Popjeda)

Den Anfang machte in den ersten DDR-Jahren der Typ Popjeda (Sieg). Das Automobilwerk in Gorki nahm sich immer stilistische Anleihen an den US-Autos, trotzdem war der Popjeda von 1946 die erste Etappe einer komplett eigenständigen Entwicklungslinie. Spitz zulaufende Motorhaube, separat stehende Kotflügel und ein geschwungenes Fließheck spiegeln US-Stil wider, selbsttragende Karosserie und Einzelradaufhängung vorn galten ebenfalls als fortschrittlich. Popjeda-Fahrer sollten ruhig und schonend unterwegs sein, der Motor holte aus 2,1 Litern Hubraum nur 50 PS, kam mit einem einfachen Fallstromvergaser aus und war mit seiner fünffach gelagerten Kurbelwelle gegen zu schnelle Abnutzung gewappnet. Das Dreiganggetriebe hielt die Drehzahl niedrig. 12 Jahre tat der Popjeda Dienst, rund 240.000 sind gebaut worden, darunter rund 37.000 Taxis. FSO in Polen fertigte von 1951 bis 1973 die Lizenzversion „Warszawa", deren Kennzeichen ein Stufenheck war.

Antrieb	Heck, Reihenvierzylinder 2120 cm³/50 PS, Längseinbau, 3-Gang-Getriebe
Fahrwerk	Einzelradaufhängung ,Trapez-Dreiecksquerlenker, Schraubenfedern vorn Starrachse, Blattfedern hinten
Maße	Länge/Breite/Höhe (mm): 4665/1695/1640 Radstand (mm): 2700
Leistungswerte	Höchstgeschwindigkeit (km/h): 105 Verbrauch (l/100 km): 12

GAZ M 21 (Wolga)

Wie amerikanische Autos Mitte der 1950er Jahre auszusehen hatten, wusste man in Deutschland West und Deutschland Ost: Opel Kapitän und GAZ M 21 Wolga hatten dieselben Vorbilder. Der Wolga als Popjeda-Nachfolger kam mit neuem Motor, der Reihenvierzylinder brachte jetzt 70 PS, später 85 PS bei 2,5 Litern Hubraum und Doppelvergaser.

Das fortschrittliche Fahrwerk des Popjeda war noch gut für eine zweite Runde. Der Wagen sah stattlich aus, der amerikanische Stil mit durchgehender vorderer Sitzbank und Lenkradschaltung beeindruckte Taxifahrer und Fahrgäste und neben den vielen Dienstreisenden gelegentlich auch private Kundschaft. 1960 erschien die großzügig verglaste Kombiversion.

Das Taxi: Der Wolga, ein typisches Kind seiner Zeit, diente in der DDR hauptsächlich als Dienstwagen und Taxi. Durchgehende Sitzbank und Lenkradschaltung gehörten damals zum guten Ton.

Foto: Max Chernjavsky

Antrieb	Heck, Reihenvierzylinder 2445 cm³/70 (75/86) PS, Längseinbau, 3-Gang-Getriebe
Aufbau/Fahrwerk	Selbsttragend Einzelradaufhängung, Trapez-Dreiecksquerlenker, Schraubenfedern vorn Starrachse, Blattfedern hinten
Maße	Länge/Breite/Höhe (mm): 4835/1800/1620 Radstand (mm): 2700
Leistungswerte	Höchstgeschwindigkeit (km/h): 130 (135) 0-100 km/h (s): 34 Verbrauch (l/100 km): 9

Popjeda und Wolga

GAZ M24 (Wolga)

1970 war es Zeit für die zweite Wolga-Generation. Jetzt diktierte Sachlichkeit das Design, große, plane Flächen und klare Kanten. Die Karosserielinie hat sich übrigens bis in die Jetztzeit des Herstellers GAZ gehalten. Der erste seiner Art entsprach in der Technik dem Vorgänger, allerdings hielt nun ein Vierganggetriebe das 1,8 Tonnen schwere Auto in Schwung. Die Platzverhältnisse hatten sich verbessert, wenn auch die vordere Sitzbank Einzelsitzen gewichen war. Sehr voluminös wirkte der Kombi, von ihm gab es sogar eine Version als Krankentransportwagen. Die Weiterentwicklung von 1986 erreichte als letzte noch die DDR. Schwarze Frontverkleidung, versenkte Türgriffe, beheizbare Heckscheibe und eine komplett neue Innenausstattung einschließlich neuer Sitze brachten kleine Fortschritte, auch (erst jetzt!) die Zweikreis-Bremsanlage. Exportversuche in den Westen blieben nicht ganz erfolglos, vor allem nach Belgien, wo der M24 eine Zeit lang sogar mit einem Perkins-Diesel ausgerüstet wurde.

Antrieb	Heck, Reihenvierzylinder 2445 cm³/86 (100) PS, Längseinbau, 4-Gang-Getriebe
Aufbau/Fahrwerk	Selbsttragend Einzelradaufhängung, Trapez-Dreiecksquerlenker, Schraubenfedern vorn Starrachse, Blattfedern hinten
Maße	Länge/Breite/Höhe (mm): 4760/1800/1490 Radstand (mm): 2800
Leistungswerte	Höchstgeschwindigkeit (km/h): 145 (150) Verbrauch (l/100 km): 8

Unauffällig in grau und schwarz rollten die Wolga der zweiten Generation auch durch die DDR. Dieser GAZ M24 wurde in Moskau aufgenommen.
Foto: Max Chernjavsky

Skoda 1200/1201/1202

DDR

Geräumiges Auto mit ungewöhnlichem Fahrwerk: Der Skoda 1200 hatte einen Zentralrohrrahmen.
Foto: Udo Paulitz

Die gute Tradition des tschechischen Automobilbaus begegnete den DDR-Bürgern zum ersten Mal in Gestalt des Skoda 1200. Im Jahre 1952 hatte ihn Skoda als Nachfolger des Popular aufgelegt, dessen aus den 1930er Jahren stammende Technik verwendet wurde. Bei verlängertem Radstand wurde eine dem Zeitgeschmack angepasste, aber schlicht wirkende, viertürige Pontonkarosserie geschaffen. Sie saß als separate Einheit auf einem Zentralrohrrahmen, eine auch von Tatra bekannte tschechische Spezialität, die günstige Fahreigenschaften bei voller Auslastung versprach. Insgesamt brachte diese Konstruktion im Verhältnis zum nur 37 PS starken Motor allerdings viel Gewicht auf die Waage. Deshalb folgte schon bald die Version 1201 mit 45 PS, ab 1961 waren es im 1202 dann 47 PS. Der 1955 nachgeschobene Kombi erwies sich als echtes Nutzfahrzeug dank seines großen Laderaums – er eignete sich zum Krankentransportwagen und bewährte sich auch als Pick-up. Die Limousine und der Kombi gehörten einige Jahre zum Importangebot in der DDR und waren hier zwischen F9 und EMW angesiedelt und später eine Alternative zum Wartburg. Mehrere tausend Exemplare dürften ins Land gekommen sein, in der Bestandsliste von 1988 sind sie nicht mehr enthalten. Skoda baute bis 1973 insgesamt rund 127.000 Einheiten dieser Reihe.

Skoda 1200/1201/1202

Antrieb	Heck, Reihenvierzylinder 1221 cm³ 37/45/47 PS, Längseinbau, 4-Gang-Getriebe
Aufbau/Fahrwerk	Zentralrohrrahmen Doppelquerlenker mit Querblattfeder vorn Pendelachse an Querblattfeder hinten
Maße	Länge/Breite/Höhe (mm): 4500/1680/1520 (Kombi 1650) Radstand (mm): 2685
Leistungswerte	Höchstgeschwindigkeit (km/h): 105 (Kombi 100) Verbrauch (l/100 km): 8 (Kombi 9)

Die erste Nachkriegskonstruktion, der Mittelklassewagen 1200, war soeben vorgestellt, als sich die Entwickler von Skoda ihrem Hauptziel zuwandten und den kleineren Typ 440 vorbereiteten – bei gleicher technischer Grundlage und zum Teil sogar identischem Motor. Obwohl beide Baureihen von 1955 bis 1973 parallel vom Band liefen, sah Skoda seine Zukunft doch ganz klar in den kleineren Formaten, und der 440, später als Octavia und Felicia sehr bekannt geworden, machte den Anfang für vier Jahrzehnte.

Die zweitürige Pontonkarosserie des 440/445 ist geprägt durch die stark abfallenden Motor- und Kofferraumhauben und die tiefe Gürtellinie. Harmonische Rundungen und proportionale Flächenaufteilung machten seinerzeit den Skoda zu einem modern wirkenden Fahrzeug. In der ersten Version ist das Frontteil durch zwei quer laufende Schmuckelemente geprägt, später gibt es hier ein abgerundetes und, als die Linie sich schon überlebt hat, ein eckiges Gitter. Der Skoda gefällt mit seiner guten Raumausnutzung dank des weiter vorn sitzenden Motors. Die technische Basis lieferte der 1200 in Form des Zentralrohrrahmens und der Achskonstruktionen und im Prinzip auch des Motors. Mit geringerer Bohrung hatte er einen

Der Star der klassischen Skoda in der Nachkriegszeit: Die Felicia beeindruckte die Autofreunde nicht nur in der DDR. Foto: Archiv Skoda Automobile Deutschland

Hubraum von nur 1100 Kubikzentimetern bei einer Leistung von 40 PS. Im Jahre 1957 kam der Typ 445 mit dem Originalmotor des 1200. Leichte PS-Steigerungen begleiteten die Baureihe bis zu ihrer endgültigen Einstellung 1972. Der Wechsel vom 440/445 zum Octavia/Octavia Super im Jahre 1959 markiert auch die Abkehr von der vorderen Querblattfeder zu Schraubenfedern.

Bis zum Schluss durchhalten musste der Kombi, da ein solches Fahrzeug beim Nachfolger fehlte. Er war der Limousine erst 1961 gefolgt und weist ebenfalls gute Platzverhältnisse auf. Der Star der Baureihe ist aber ganz unbestritten das 1957 eingeführte Cabrio, ab 1959 Felicia (Hardtop-Version). Es glänzt mit ausgewogen harmonischer Linienführung, was am längeren „Rücken" und dem gut geschnittenen Hardtop liegt. Hier passen auch, im Gegensatz zu Limousine und Kombi, die kleinen Heckflossen gut ins Bild. Damit punktet Skoda auch im Westen und natürlich erst recht in der DDR, wenn auch die schicken Spaßautos nur in kleiner Stückzahl ins Land kommen. Allerdings mussten die wenigen glücklichen Bezieher auf ein paar PS verzichten, statt der 50 und später 55 PS leisteten die DDR-Exemplare wegen der minderen Benzinqualität „zwischen 40 und 45 PS", wie die Zeitschrift „Der Deutsche Straßenverkehr" berichtete.

Vom ersten Tag an hoch begehrt: Der Skoda 440 war ausreichend motorisiert, hatte Platz und lief sehr sparsam. Foto: Archiv Skoda Automobile Deutschland

Die gesamte Baureihe ist wegen ihres Platzangebotes, der ausreichenden Motorisierung und ihrer Sparsamkeit hoch geschätzt. Sie festigte den guten Ruf der Marke Skoda in der DDR so stark, dass selbst die folgende Heckmotorreihe ihn nicht zerstören kann.

Skoda 440/445 Octavia/Octavia Super

Antrieb	Heck, Reihenvierzylinder 1089/1221 cm³ 40/45 PS (Cabrio 50 u. 55 PS), Längseinbau 4-Gang-Getriebe
Aufbau/Fahrwerk	Zentralrohrrahmen Doppelquerlenker mit Querblattfeder (Octavia: Schraubenfedern) vorn Pendelachse an Querblattfeder hinten
Maße	Länge/Breite/Höhe (mm): 4065/1600/1430 (Cabrio 1390) Radstand (mm): 2400
Leistungswerte	Höchstgeschwindigkeit (km/h): 110 (Cabrio 128) 0-100 km/h (s): 28/25 (Cabrio: 23) Verbrauch (l/100 km): 8/8,5 (Cabrio 9)
Preise	4895/5060 (Kombi: 6350, Felicia: 6795) Mark
Bestand (1988, gesamte Baureihe)	15.880, Import ca. 76.000

Im April 1964 beginnt der Verkauf des Skoda 1000 MB. In der ersten Ausführung hat er noch einen Chromgriff an der Kofferraumhaube, an dem hier gezeigten Exemplar aus der letzten Bauserie von 1969 ist der Griff werkseitig in Wagenfarbe lackiert. *Foto: Skoda*

Im Jahr 1964 einen völlig neuen Heckmotorwagen zu präsentieren, dokumentiert aus heutiger Sicht technische Rückständigkeit. Andere Firmen – außer Volkswagen – waren zu diesem Zeitpunkt auf dem Weg zu Frontmotor und auch Frontantrieb. Skoda hatte sich Anfang der 1960er Jahre für die Auslauftechnik entschieden und dafür sogar ein völlig neues Werk am Firmensitz Mlada Boleslav gebaut. Dass diese Investition für 24 Jahre halten musste, kennzeichnet überdeutlich die Inflexibilität der sozialistischen Wirtschaft.

Der glattflächig, im Stil des Renault 8 gestaltete Skoda 1000 MB hatte auch ein paar Vorteile auf seiner Seite wie die belastete Antriebsachse – gut für den Winterbetrieb und die Fahrt auf schlechten Wegen – und den vom Kardantunnel freien Innenraum. So bot er vier bis fünf Personen Platz. Der gravierende Nachteil der Hecklastigkeit führte zu instabiler Straßenlage und hoher Seitenwindempfindlichkeit. Der Kofferraum vorn war klein, weshalb schon im Auftaktmodell 1000 MB umklappbare Sitze auf der Beifahrerseite und hinten links für bestimmte Gelegenheiten zusätzlichen Platz schufen. Ein kleines Gepäckfach stand, schwer zugänglich, hinter den hinteren Rückenlehnen zur Verfügung. Um die ungünstige Gewichtsverteilung etwas auszugleichen,

Bote einer veralteten Technik: Skoda-Neuheit 1000 MB im Jahre 1964 mit Heckmotor und Frontkofferraum. *Foto: Skoda*

hatten Tank, Reserverad und Werkzeug ihren Platz unter der Fronthaube, separiert vom Kofferraum.

Der größte technologische Fortschritt des 1000 MB gegenüber seinem Vorgänger liegt in der selbsttragenden Karosserie. Außerdem ist die hintere Pendelachse nun mit Schraubenfedern kombiniert. Der neue Motor, wieder ein Reihenvierzylinder mit Wasserkühlung, steht in der Reihe der Vorgänger, jetzt mit weniger Bohrung und unter Verwendung von Aluminium für Zylinderblock und Kurbelgehäuse. Bis zu seiner Ablösung 1984 entwickelt sich die Motorleistung von 40 auf 58 PS. 1987 entsteht mit dem (nicht in die DDR gelieferten) Typ 130 die letzte Stufe der Baureihe, den neuen Leichtmetallmotor (1,3 Liter Hubraum, bis 62 PS) sollte sie gleich an den (in die DDR nicht mehr gelieferten) Nachfolger Favorit weitergeben. Mehrfach frischte das Werk sein Modell optisch auf, teilweise mit zweifelhaftem Erfolg. 1970 sieht der Skoda als 110 schlanker aus, 1976 dann wieder dickbäuchig. Dieser unvorteilhafte Effekt wird mit den Typen 105 bis 120 ab 1981 abgeschwächt. Wie man es richtig macht, zeigte Meister-Designer Nuccio Bertone um 1983: Befasst mit den Entwürfen für den Favorit, machte er in Mlada Boleslav ganz nebenbei die Bugpartie der Heckmotorlimousine mit einem einzigen Federstrich gefällig.

Ein wenig Luxus leistete sich Skoda mit dem Coupé als der einzigen weiteren Karosserievariante. Der 110 R kam parallel zum S 100 mit einem stärkeren Motor. Der lang gezogene Rücken stand dem Auto gut. Es diente als Basis für die vielfältigen Motosportaktivitäten des Werkes. In der DDR blieben Exemplare des 110 R Einzelstücke, der ab 1981 gebaute Nachfolger wurde gar nicht importiert.

Skoda 1000 MB/100/120

Voluminöser, aber nicht unbedingt schöner war der Skoda nach der Überarbeitung 1976 geworden – hier das Einstiegsmodell 105 L. *Foto: Skoda*

Zweite Stufe Heckmotor-Skoda: Der S 100 – hier ein Prospektbild – ist optisch modernisiert, macht aber auch wegen seiner starken Rostanfälligkeit von sich reden.

Skoda 1000 MB/S 100/S 105 u. S 120/130 (S 110R, 130 Rapid))

Antrieb	Heck, Reihenvierzylinder 988 cm^3/40 PS, 988 cm^3/48 PS, 1046 cm^3/46 PS 1174 cm^3/52 PS, 1289 cm^3/62 PS (1107 cm^3/52 PS, 1289 cm^3/62 PS) Längseinbau, 4-Gang-Getriebe, 130 5-Gang-Getriebe
Aufbau/Fahrwerk	Selbsttragend Einzelradaufhängung, Trapezlenker, Schraubenfedern vorn Einzelradaufhängung, Pendelachse, Schraubenfedern hinten
Maße	Länge/Breite/Höhe (mm): 4170/1620/1390 4155/1620/1380 4160/1595/1400 (4155/1620/1340, 4200/1610/1380)
Leistungswerte	Höchstgeschwindigkeit (km/h): 125/130/130/140 bzw. 150 (140 bzw. 153) 0-100 km/h (s): 27/24/24/20 bzw.18 (18,5 bzw. 15) Verbrauch (l/100 km): 7,2/7,0/7,5/8 bzw. 8,6 (9,5 bzw. 7,6)
Preise	14.950/15.840/15.915 bzw. 18.200 Mark
Bestand (1988)	46.125/134.920/59.732 bzw. 46.821

Dank Bertone eine gefälligere Front: So lief der Heckmotor-Skoda bis zum Schluss vom Band – hier die Topversion des niederländischen Importeurs.
Foto: de Binckhorst

Die Skodas hatten in der DDR durchaus Befürworter, das tschechische Auto war natürlich willkommen, auch als Alternative zum zweitaktenden Wartburg. Die Grenzen der Konstruktion blieben jedoch immer gegenwärtig. Aber mit Kompromissen zu leben, hatte man ja gelernt. In der Bundesrepublik fristete der Skoda ein Schattendasein mit 2000 bis 3000 Verkäufen im Jahr zu Dumpingpreisen. Skoda startete ab 1991 zu einer neuen, glanzvollen Karriere als eigenständige Marke im Volkswagen-Konzern.

Skoda 1000 MB/S 100/S 105 u. S 120/130 (S 110R, 130 Rapid)

Antrieb	Heck, Reihenvierzylinder 988 cm³/40 PS, 988 cm³/48 PS, 1046 cm³/46 PS 1174 cm³/52 PS, 1289 cm³/62 PS (1107 cm³/52 PS, 1289 cm³/62 PS) Längseinbau, 4-Gang-Getriebe, 130 5-Gang-Getriebe
Aufbau/Fahrwerk	Selbsttragend Einzelradaufhängung, Trapezlenker, Schraubenfedern vorn Einzelradaufhängung, Pendelachse, Schraubenfedern hinten
Maße	Länge/Breite/Höhe (mm): 4170/1620/1390 4155/1620/1380 4160/1595/1400 (4155/1620/1340, 4200/1610/1380)
Leistungswerte	Höchstgeschwindigkeit (km/h): 125/130/130/140 bzw. 150 (140 bzw. 153) 0-100 km/h (s): 27/24/24/20 bzw. 18 (18,5 bzw. 15) Verbrauch (l/100 km): 7,2/7,0/7,5/8 bzw. 8,6 (9,5 bzw. 7,6)
Preise	14.950/15.840/15.915 bzw. 18.200 Mark
Bestand (1988)	46.125/134.920/59.732 bzw. 46.821

DER DEUTSCHE straßenverkehr

FÜR VERKEHR UND WIRTSCHAFT

Verkehrsbetriebe der DDR helfen Berlin
Leipziger Herbstmesse 1961
Kühlregler für Trabant-Motor

Oktober 1961
Preis 1,– DM
Verlagspostamt
Berlin

10

TRANSPRESS · VEB VERLAG FÜR VERKEHRSWESEN · BERLIN W 8

Trabant P 50/P 60/600 *Der aktuelle Kleinwagen*

Der Trabant ist Spitze – dieser Satz hatte einmal volle Gültigkeit, auch wenn das aus heutiger Sicht kaum einer glauben mag, nachdem der Kleinwagen aus der DDR zum Synonym der technischen Rückständigkeit geworden ist. Als der Trabant des VEB Sachsenring Automobilwerk Zwickau – das Erbe von Horch und Audi – auf der Bildfläche erschien, war er voll auf der Höhe der Zeit: Ausreichend groß für vier Personen, gerade noch ausreichend motorisiert mit 18 PS aus 500 cm³ Hubraum, Platz sparende Unterbringung des Motors (Quereinbau), gute Straßenlage dank Frontantrieb und selbsttragende Karosserie. 1957 sahen Kleinwagen im Prinzip so aus, kaum einer konnte all diese Vorzüge auf sich vereinen. Die Phase der Rollermobile und Kleinstwagen im Westen war vorbei, in der DDR hatte man sie kurzerhand übersprungen und – wenn auch spät – einen echten Kleinwagen kreiert. Stilistisch war er gut gelungen, er wirkt flott und witzig in seinen ausgewogenen Proportionen. Der Name Trabant/Begleiter passte haargenau zu dem strapazierfähigen und zuverlässigen Auto.

Die technische Besonderheit der Duroplast-Beplankung eines Stahlgerippes hatte ihre Ursache mehr im durch Handelsboykott ausgelösten Stahlmangel als in technischer Notwendigkeit. Immerhin bewährte sich die Methode trotz des hohen Produktionsaufwands in den verwirklichten Stückzahlen bis zum Schluss. Der luftgekühlte Motor und das Getriebe sind Zwickauer DKW-Erbe, diese Marke stand für den noch aktuellen Zweitaktmotor. Seine gute Leistungsausbeute ließ den Trabant relativ flott unterwegs sein. Zwei Mehr-PS ab 1960 haben dem Trabant dennoch gut getan. Die Hubraumerweiterung 1963 zum P 60/600

Trabant-Premiere: Die neuen P 50 in ein- und zweifarbigen Ausführungen
Foto: Sachsenring

So startete der Trabant: Die gezackte seitliche Linie trennt auch die verschiedenen Lackierungen.
Foto: Sachsenring

SACHSENRING-Kleinwagen TRABANT
Limousine (Sonderausführung, dreifarbig)
500 ccm, 18 PS, 90 km/h Höchstgeschwindigkeit

Trotz aller Betriebsamkeit in den Zwickauer Werkshallen (hier ein Foto aus dem Prospekt) – die Stückzahlen des Trabant bleiben immer viel zu klein, um auch nur den Inlandsbedarf zu decken.

bescherte dem Auto drei weitere PS. Das Vierganggetriebe wurde über eine Krückstockschaltung im Armaturenbrett bedient.

Im Alltag bewähren sich der bis zur Stoßstange reichende Kofferraumdeckel und die servicefreundliche Motorhaube. Es gehört zum Konzept des DDR-Kleinwagens, dass der Nutzer einfache Arbeiten selbst ausführen kann. In der Ausstattung tritt das Fahrzeug karg auf, die Geräuschdämmung lässt zu wünschen übrig, verwöhnen wollte der P 50 wirklich nicht. Mehr Aufwand betrieb das Werk in der Außengestaltung. Zuerst gab es eine gezackte Chromlinie – auch zum Abgrenzen der modischen Zweifarblackierung –, dann einen gefühlvoll ausgeführten schmalen Streifen in der zweiten Farbe und schließlich, Sachlichkeit betonend, eine waagerecht abgesetzte Zweifarblackierung. Erst 1960 folgte der lang erwartete Kombi. Seine lange hintere Seitenscheibe verleiht ihm optische Größe. In der nun lieferbaren Ausstattung mit Liegesitzen lädt er sogar zum Übernachten ein (Modell „Camping“). Der erste Trabant muss gut sechs Jahre durchhalten und verliert trotz einiger Weiterentwicklungen schon in dieser Zeit an Aktualität. Immerhin war 1960 das Mischverhältnis Öl zu Benzin von den ungünstigen 1:25 auf 1:33 geändert worden. Die Hubraumvergrößerung zielte schon auf das nächste Modell.

Neue Flankengestaltung: Die waagerechte Farbleiste teilt die Flächen beim P 60/600 neu auf. Foto: Matthias Röcke

Trabant P 50 u. P 60/600

Antrieb	Front, Zweizylinder-Zweitakter 499 cm³/18 (20) PS bzw. 595 cm³/23 PS, 4-Gang-Getriebe
Aufbau/Fahrwerk	Stahlblechgerippe, Duroplast-Beplankung Einzelradaufhängung, Querfeder vorn und hinten
Maße	Länge/Breite/Höhe (mm): 3361/1493/1460 Radstand (mm): 2020
Leistungswerte	Höchstgeschwindigkeit (km/h): 90 bzw. 100 Verbrauch (l/100 km): 6
Preis	8360 bzw. 8760 Mark Kombi 9050 bzw. 9450 Mark
Bestand (1988)	56.565 bzw. 47.486
Produktionsstückzahl	P 50: 131.440, P60/600: 106.628 davon insgesamt 50.322 Kombi

Stimmungsvolle Werbebilder mit dem frühen Trabant: Szene an der Tankstelle, Kombi P 60 (Mitte) und P 50 (links unten) sowie die P 50-Limousine vor einer großzügig dimensionierten Garage.

Trabant 601 *Veraltete Technik neu verpackt*

Das Optimum an Nutzbarkeit bot der Universal – Heckklappe und das große Gepäckabteil überzeugten. *Foto: Archiv Matthias Röcke*

Was für den P 50 noch Gültigkeit hatte, war für den 601 schon Vergangenheit: Der neue Trabant, obwohl gefällig im Äußeren, entsprach nicht mehr dem Stand der Technik. Weil die Wirtschaftsplaner von Werk verlangt hatten, Plattformrahmen, Radstand und Spurweite vom Trabant 600 zu übernehmen, blieb der neue Trabant ein (zu kleiner) Kleinwagen und während sich die automobile Welt vom Zweitaktmotor praktisch schon abgewendet hatte, musste der Trabant 601 mit ihm leben. So nahm im Jahre 1964 die Entwicklung ihren Lauf, die Ende der 1980er Jahre den VEB Sachsenring zum Symbol technischer Rückständigkeit machen sollte – trotz aller Prototypen und Projekte, die die Entwicklungsabteilung immer wieder realisiert hatte.

Zunächst aber machte der 601 einen guten Eindruck. Der verlängerte Überhang hinten, der kantige Kofferraum – nun allerdings ohne die bis zur Stoßstange reichenden Kofferraumklappe –, die vergrößerten Fensterflächen und die Dachlinie werteten ihn optisch gegenüber dem Vorgänger auf und bescherten ihm auf den hinteren Plätzen auch objektiv mehr Platz. Das war Trapezform in Reinkultur – gefühlvoll angepasst an die vorhandenen Grundmaße.

Noch mehr profitiert der 1965 nachgeschobene Kombi „Universal", jetzt mit sich nach oben öffnender Heckklappe. Bei umgeklappter Rückbank ergibt sich ein Ladevolumen von 1400 Litern.

Drei Ausstattungslinien (601, 601 S, 601 S de luxe), neue Instrumententafel, mehrfach neue Sitze, neue (und oft sehr ungewöhnliche) Farben, mehr Geräuschdämmung, Nebelscheinwerfer oder ein Glashebedach (S de luxe) werten den Trabant immer wieder ein wenig auf. In der Grundtechnik macht er dort weiter, wo der 600 aufgehört hat. Im Jahre 1969 werden aus 23 PS deren 26, der Trabant als Zweitakter hat damit seine Endstufe erreicht. 1983 kommt die 12-Volt-Elektrik, 1986 werden Schraubenfedern für hinten angekündigt, gehen aber erst 1988 in Serie.

Das ist alles sehr wenig und kommt sehr langsam, der Trabant ist längst ein Aschenputtel geworden – trotz langer Lieferzeiten in der DDR. Aber er hat auch zu dieser Zeit noch seine guten Seiten. Seine Strapazierfähigkeit auf langen Urlaubsreisen oder beim privaten Baustofftransport mit Anhänger ist Legende, er ist einfach und vom Besitzer zu warten und rollt zuverlässig – der Trabant 601 ist tatsächlich bis zum letzten seiner Tage ein treuer Begleiter. Im Westen bleibt der Import nach Anfangserfolgen in den Niederlanden und Belgien bald stecken, in der Bundesrepublik nimmt kaum jemand Notiz von dem Kleinwagen aus der fernen DDR.

Schon sehr früh bietet das Werk den Trabant kupplungsfrei an, die mit dieser Hycomat genannten Technik ausgerüsteten Fahrzeuge sind vor allem für Körperbehinderte gedacht. Der Kübelwagen, ein Einfach-Cabrio mit Faltverdeck und Stecktüren, bleibt in der DDR der Armee und der Forst- und Energiewirtschaft vorbehalten, auf einigen westlichen Märkten wird er als Spaßmobil „Tramp" angeboten. Großen Aufwand verwendete das Werk auf die Erhöhung der Stückzahl, ab 1974 mehr als 100.000 pro Jahr und insgesamt 2,8 Millionen Einheiten. Zu wenig, um seinerzeit den Bedarf zu decken, genug, um bis heute als legendärer Oldtimer weiter zu wirken.

Trabant 601 in der letzten Fassung, zu erkennen an den schwarzen Kunststoffecken der Stoßfänger.

Seine Langstreckentauglichkeit konnte man dem Trabant nie absprechen – auch nicht, als er technisch schon veraltet war. Nicht nur im Werbefoto wie hier macht sich der 601 im Stadtzentrum von Budapest gut (rechts). Die Zeichnung (unten) informiert über die Neuerungen am Trabant 601 um 1985: 1) Elektronische Batteriezündanlage, 2) Neues Kugelgelenk außen, 3) Elektronischer Einkreisblinkgeber, 4) Sitzlängenverstellung, 5) Glaskippdach, 6)Schraubenfedern hinten, 7) Türabdichtungsprofil aus Moosgummi.

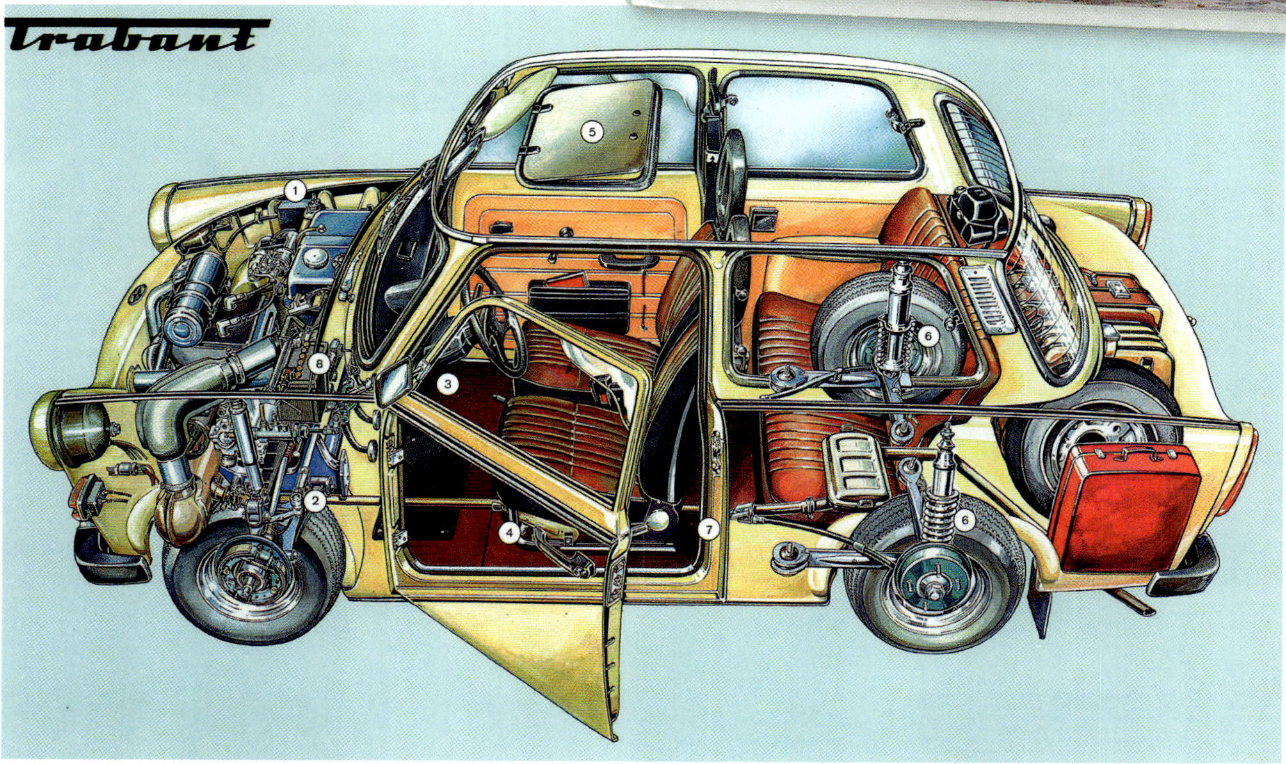

Trabant P 601

Antrieb	Front, Zweizylinder-Zweitaktmotor 595 cm³/23 (ab 1969 26) PS, Quereinbau, 4-Gang-Getriebe
Aufbau/Fahrwerk	Stahlblechgerippe, Duroplast-Beplankung Einzelradaufhängung, Querfeder vorn und hinten (1988: Schraubenfedern hinten)
Maße	Länge/Breite/Höhe (mm): 3555 (Universal: 3560)/1510/1437 Radstand (mm): 2020
Leistungswerte	Höchstgeschwindigkeit: (km/h): 100 Verbrauch 7 l/100km
Preise	Limousine: 7850 (1971), 10.952 (1982, S de Luxe), 13.000 Mark (1989)
Bestand (1988)	1.800.952
Produktionsstückzahl	2.818.547

Stattlicher Auftritt: Optisch tat dem Trabant der Schritt zum 601 gut, auch die Platzverhältnisse besserten sich. Foto: Sachsenring

Zweimal Werbung: Der Trabant 601 mit Anhänger ist für alle DDR-Bürger eine Idealbesetzung, um den Alltag der Mangelwirtschaft zu bewältigen (links). Rechts eines der seltenen Produktionsjubiläen. Die Stückzahlen des Trabant bleiben immer niedrig, wenn auch 1978 die Marke von 1,5 Millionen erreicht ist.

Ein von einer Malletlokomotive der Reihe 99.590 gezogener Schmalspur-Personenzug der Selketalbahn diente als fotogener Hintergrund für diesen gut gepflegten Trabant 601 Universal-Kombi der Bauserie 1969 bis 1980. In der DDR waren die stets raren Kombifahrzeuge sehr begehrt, denn die vergrößerte Ladefläche versetzte seine Besitzer in die Lage, auch sperrige Güter transportieren zu können. Foto: Udo Paulitz

Trabant 1.1 *Nicht überlebensfähig*

Interessant für einen kleinen Liebhaberkreis. Trabant 1.1 als „Tramp".
Foto: Sachsenring

Nicht einmal eine wohl wollende Aufnahme beim Publikum war dem Trabant 1.1 vergönnt. Von vorn herein stand er einer Welle der Kritik und Ablehnung gegenüber. Seit der Ankündigung des neuen Modells bis zur Auslieferung hatte sich die Welt grundlegend verändert. Das VEB Sachsenring Automobilwerk in Zwickau hatte ebenso den Beschluss der SED zur Implantation des Lizenz-Motors von VW umzusetzen wie Wartburg in Eisenach. Unter DDR-Bedingungen hätte der Viertakt-Trabant sicherlich seinen Weg gemacht, wäre auch der Preis von 19.865 Mark Zähne knirschend akzeptiert worden, auf dem freien Markt konnte er einfach nur zum Kuriosum werden. Dabei hatte der 1.1 gegenüber dem 601 ein paar Vorzüge aufzuweisen: 40 PS statt 26, maximal 130 km/h schnell statt 110, ein Verbrauch von 8 Litern auf 100 km statt (eher realistischen) 10 und ein viel leiserer Lauf, innen und außen. Außerdem sollten den Trabant-Fahrer das im Bereich der Vorderachse verbesserte Fahrwerk (McPherson-Federbeine) erfreuen, die exakte Lenkung und die vier Scheibenbremsen. Äußerlich blieb die Mittelabdeckung in der Front, die kantige Motorhaube (aus Blech), die großen Rückleuchten und die Stoßfänger die einzigen Unterschiede, im Gebrauch die Knüppelschaltung. „Mumie mit Herzschrittmacher" nannte ihn die sich

Versuchsobjekt: Einer von zwei gebauten Pick-up, später in Diensten des August Horch Automobilmuseums. Foto: Archiv Matthias Röcke

abwendende Kundschaft, wobei sich allerdings die Befürchtung, der Trabant wäre mit den 40 PS übermotorisiert, nie bewahrheitete. Universal und Tramp kamen ebenfalls noch in den Genuss des neuen Motors. Mitten in den Wende-Problemen plante das Werk noch, den Kombi-Anteil bedarfsgerecht zu erhöhen – dies kam zu spät, ebenso wie einige lustig aufgemotzte Tramp-Varianten und die Idee des Pick-up. Rund 10.000 DM kostete der 1.1 nach DM-Einführung 1990 in den letzten Monaten der DDR und dann im vereinigten Deutschland – alles vergeblich, am 30. April 1991 wurde die Produktion eingestellt. Es blieb die unter diesen Umständen wenig ruhmreiche Position eines frisch vom Band gelaufenen Oldtimers, interessant nur noch für Sammler. Das Trabant-Werk in Zwickau wurde indes zur Keimzelle der Volkswagen-Fertigung in Sachsen.

Zum neuen Motor ein neues Gesicht: So trat der Trabant 1.1 seine kurze Laufbahn an. Foto: Sachsenring

Trabant 1.1

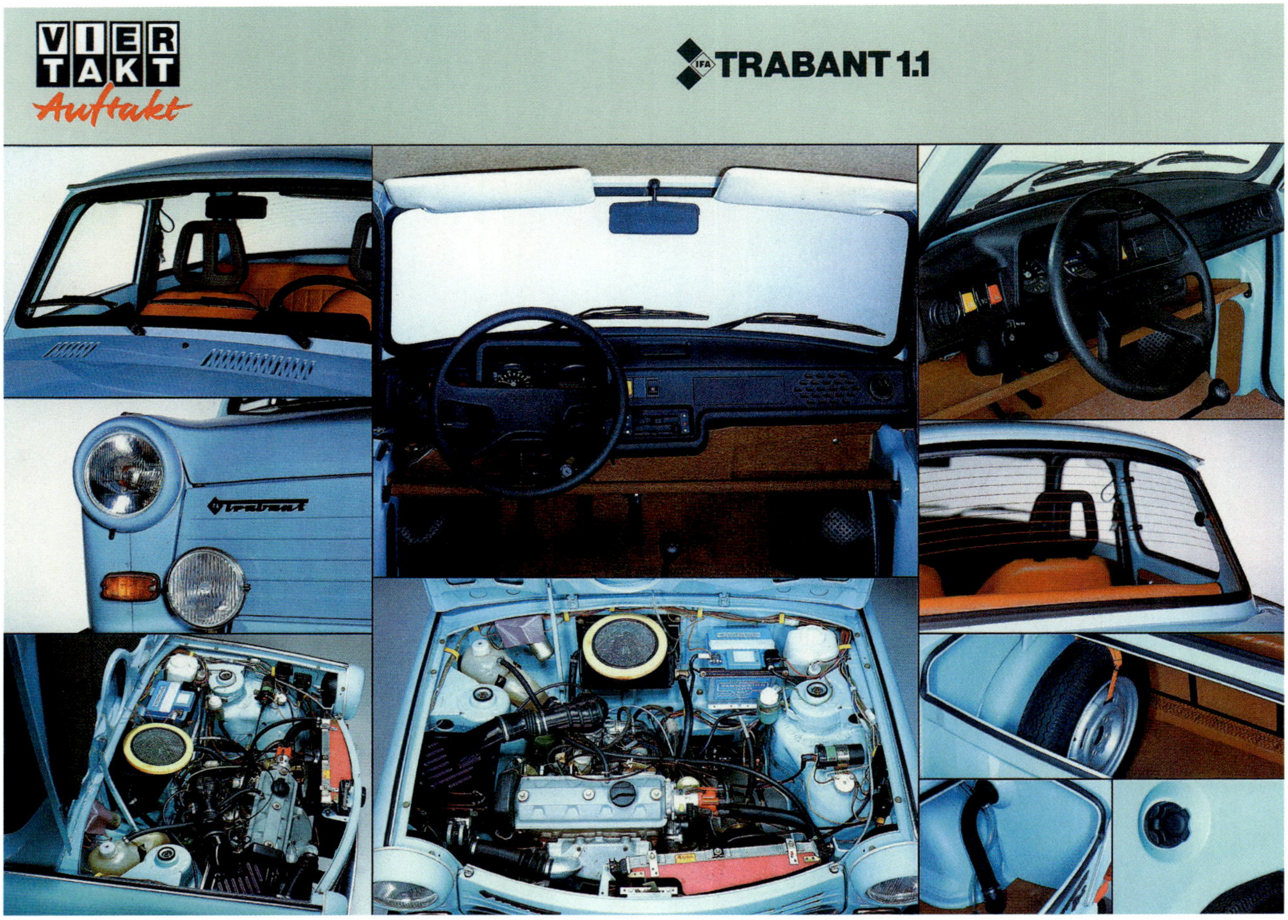

Prospektblatt zum Trabant 1.1: Außer dem epochal neuen Motor gibt es nur wenige Details, die sich hervorheben lassen.

Rechte Seite: Zwei Beispiele für das Dilemma der Zwickauer Entwicklungsabteilung: Die passenden Prototypen hatten sie immer bereit. Das Bild oben zeigt einen Entwurf, wie sich die Entwickler einen modernen Trabant-Nachfolger für die 1980er Jahre vorstellen konnten; darunter der Prototyp P 100 von 1961.
Fotos: Heinz-Toni Sesterheim

Trabant 1.1

Antrieb	Front, Reihenvierzylinder 1043 cm³/40 PS, Quereinbau, 4-Gang-Getriebe
Aufbau/Fahrwerk	Stahlgerippe, Duroplast-Beplankung Einzelradaufhängung vorn (McPherson-Federbeine) und hinten (Federbein, Dreieckslenker)
Maße	Länge/Breite/Höhe (mm): 3521/1528/1420 Radstand (mm): 2020
Leistungswerte	Höchstgeschwindigkeit (km/h): 130 0-100 km/h (s): 22 Verbrauch (l/100 km): 8
Preis	19.865 Mark, zuletzt 9110 DM
Produktionsstückzahl	38.822

8242
DDR
Prototyp P100

Wartburg 311/312

Die ganz besondere Karosserievariante: Camping-Limousine mit den ins Dach gezogenen Seitenscheiben, das hier gezeigte „Gesicht“ kennzeichnet die erste Ausführung des 311.
Foto: Automobilwerk Eisenach

Der Clou an diesem Auto ist bis zum heutigen Tag das Design. Modern für seine Zeit und eigenständig präsentierte sich der Wartburg 311 im Jahr 1956 und überzeugte sofort. Ins Auge fallen die gekonnten Schwünge und Rundungen, das Styling lebt aber vom richtigen Verhältnis der Flächen und Maße. Keinen amerikanischen Straßenkreuzer im Kleinformat hatte das Automobilwerk Eisenach entwickelt wie manch ein Wettbewerber, auch kein fortgeführtes Vorkriegsdesign, sondern eine durch und durch eigenständige Linie. Die Optik des Wartburg wirkte seinerzeit um so mehr, als sehr schnell eine komplette Familie zusammen kam über den klassischen Kombi, das Coupé, Cabriolet und den Pick-up bis zur exklusiven Variante der Camping-Limousine. Diese trumpfte mit vier Seitentüren, ins Dach gezogenen Seitenscheiben und Faltschiebedach im Kombiabteil auf, einer Verglasung wie in einem Omnibus. Der praktische Effekt erschließt sich nicht unbedingt – sollten die glücklichen Besitzer im Fahrzeug ein Sonnenbad nehmen? – der optische überzeugte dagegen sehr. Die Zweifarbenlackierung erhöhte diese Wirkung – wie wir heute wissen, war mit dem Wartburg ein späterer Klassiker geboren.

Die Programmvielfalt ließ sich relativ mühelos auf die Räder stellen, weil

Der Klassiker: Wartburg 311 mit der zweiten Frontgrillvariante und Zweifarbenlackierung.
Foto: Automobilwerk Eisenach

Unbestritten der Star: Der Wartburg 313/1 faszinierte durch seine lange Motorhaube – der Radstand blieb gegenüber der Limousine unverändert.
Foto: Automobilwerk Eisenach

der Wartburg wie sein Vorgänger mit einem für jede Karosserievariante gleich nutzbaren Fahrzeugrahmen ausgestattet war. Überhaupt stellte der in der DDR mit großer Begeisterung aufgenommene Neuling nichts anderes als einen F9 mit neuer Karosserie und um 100 Millimeter verlängertem Radstand dar, Letzteres ermöglichte die hinteren Türen. Serienmäßig vier Türen (nicht beim Kombi) waren eine Seltenheit in dieser Klasse. Der Dreizylinder-Zweitakter leistete nun 37 PS, Kraftübertragung und Fahrwerk entsprachen dem F9.

Als 1962 die erste technische Überarbeitung anstand – Motor nun mit 992 cm³ Hubraum und 45 PS – waren nur geringfügige optische Veränderungen nötig, nämlich eine breitere Chromabdeckung vorn und größere Rückleuchten. Der Kombi erhielt einen kantigen Abschluss. Weiterentwicklung Nummer zwei brachte 1965 die Typbezeichnung 312 ins Spiel, ein Zwischentyp auf dem Weg zum ein Jahr später präsentierten 353. Das neue Fahrwerk mit Schraubenfedern und kleineren Rädern war schon produktionsfertig, die neue Karosserie noch nicht. Für den Export führte das Werk beim 312 eine neue Frontabdeckung ein.

Der Kombi in der Modellfamilie war als Nutzfahrzeug ausgelegt – er musste dabei wie seinerzeit üblich mit zwei Seitentüren auskommen. *Foto: Automobilwerk Eisenach*

Wartburg 311/312

Der DDR-Traumwagen schlechthin, der offene Zweisitzer Wartburg Sport, zog 1957 alle Blicke auf sich beziehungsweise auf seine lange Motorhaube. Darunter steigerte ein zweiter Vergaser die Leistung auf 50 PS. Von den knapp 500 in drei Jahren gebauten Exemplaren des Typs 313/1 blieb ein Drittel in der DDR. Dem sehr formschönen „Familiencoupé" aus der Anfangszeit folgte 1965 eine neue, im Frontgrill kantigere Variante, die längst nicht so zu überzeugen wusste. Alle Coupés kamen in nur sehr kleinen Stückzahlen in den DDR-Handel. Der Wartburg 311 war das Prestige-Auto für den DDR-Bürger. Es machte etwas her, bot viel Platz und gute Reiseeigenschaften auch dank Frontantrieb, und der Zweitaktmotor wurde noch nicht als Nachteil empfunden.

Auch im westlichen Ausland fand die Baureihe Anerkennung. In der Bundesrepublik ließen sich bis zum Bau der Berliner Mauer 1961 rund 1000 Exemplare im Jahr absetzen. Das politische Ereignis beschädigte dann allerdings das Image des „Ostzonenautos" irreparabel.

Wartburg 312 mit „Export-Grill". Das weitere Kennzeichen der Zwischenbaureihe bildeten die kleineren Räder.
Foto: Automobilwerk Eisenach

Elegant und praktisch: Das Wartburg Coupé hatte relativ viel Platz und bot sogar Liegesitze.
Foto: Automobilwerk Eisenach

Wartburg 311/312

Antrieb	Front, Dreizylinder-Zweitaktmotor 900 cm³/37 PS (ab 1961 40 PS, ab 1962 992 cm³/45 PS, Sport: 50 PS) Längseinbau, 4-Gang-Getriebe
Aufbau/Fahrwerk	Kastenprofilrahmen Einzelradaufhängung vorn, Querblattfeder Starrachse hinten und Querblattfeder (312: Einzelradaufhängung, Schraubenfedern vorn und hinten)
Maße	Länge/Breite/Höhe (mm): 4300/1570/1450 Kombi: 4250/1570/1475 Camping: 4210/1570/1450 Coupé: 4210/1570/1450 Cabrio: 4300/1570/1450 Sport: 4360/1610/1350 Radstand (mm): 2450
Leistungswerte	Höchstgeschwindigkeit (km/h): 114, (ab 1962 122) Sport: 140 0-100 (s): 35 (ab 1962 29; Sport 27) Verbrauch (l/100 km): 10 (ab 1962 10,5; Sport 11)
Preise	Limousine: 13.200 bis 15.970 Camping: 16.200 Sport: 19.500 Mark
Bestand (1988)	311: 93.764 312: 7232
Produktionsstückzahl	311: 257.714 312: 36.231

Wartburg 353 *Noch einmal Lob für die Eisenacher*

Weil die Marktwirtschaft für das Automobilwerk Eisenach (AWE) nur im Export eine Rolle spielte, konnte es sich die Einführung des neuen Modells in zwei Etappen leisten. Dem Fahrgestell unter der alten Karosserie (Typ 312) 1965 folgte ein Jahr später das komplette Auto in Form der neuen Karosserie. Die damals noch recht zahlreichen Importeure in westlichen Ländern waren nicht begeistert, den DDR-Interessenten störte es kaum, zumal der Neue eine positive Stimmung auslöste. Tatsächlich konnte sich das Werk noch einmal uneingeschränkter Anerkennung auch der internationalen Automobilszene sicher sein, wenn es um die Karosserielinie ging. Wieder war ein großer Wurf gelungen, streng modern in klaren Linien, Kanten und großen Flächen, harmonisch und langlebig.

Wenn schon nicht selbsttragend im Aufbau, so verkörperte der neue Wartburg – zunächst „Wartburg 1000“ und später nach dem Entwicklungskürzel „353“ genannt – den

Klare Linien in zeitlosem Design: Der Wartburg 353 machte über seine lange Laufzeit hinweg eine gute Figur. Hier die Version ab 1984. *Foto: Automobilwerk Eisenach*

Traditionelle Rahmenbauweise und fortschrittliche Radaufhängung: Das Chassis des Wartburg 353. *Foto: Automobilwerk Eisenach*

aktuellen Stand beim Fahrwerksbau mit Einzelradaufhängung und Schraubenfedern. Der Frontantrieb brachte Pluspunkte, der Zweitaktmotor nicht mehr. Wie der Trabant 601 markiert der Wartburg 353 deshalb den Wendepunkt zur Rückständigkeit. Auch die AWE-Entwicklungsingenieure konnten sich wohl nicht vorstellen, dass der Motor bis 1988 würde durchhalten müssen, und das, obwohl sie sich bis dahin permanent mit Alternativen befasst hatten, die ihnen die politische Führung stets versagte. Während die Auto Union im Westen mit ihrer Frischölautomatik schon in den frühen 1960er Jahren den Tankvorgang erheblich vereinfacht hatte, musste der Wartburg bis zuletzt in „Handmischung" mit Benzin und Öl versorgt werden, sofern keine Mischzapfsäulen zur Verfügung standen. Der sehr rührige und erfolgreiche belgische Wartburg-Importeur Pierreux hatte dagegen in den letzten Jahren in Eigeninitiative den „Oelomat" in den Wartburg eingebaut.

Wartburg 353

Generell bot der 353 viel Platz, wenn es groß Gewachsenen auch an Kopffreiheit fehlte. Vier große Türen und der voluminöse Kofferraum (525 Liter Fassungsvermögen) bedeuteten im Einklang mit den guten Fahreigenschaften echte Reisequalitäten. Als zunächst einzige Karosserievariante kam 1967 der heiß begehrte Kombi namens „Tourist" hinzu. Sein Heckabteil war besonders stattlich ausgefallen. Ab 1983 bot AWE außerdem die Pick-up-Variante „Trans" an.

Der schleichende Rückschritt zeigte sich auch in den zögerlich durchgeführten Verbesserungen. Als 353 W (für Weiterentwicklung) verfügte der Wartburg ab 1975 über vordere Scheibenbremsen und eine Zweikreis-Bremshydraulik sowie Drehstromlichtmaschine und Sicherheitsgurte. In manchen Punkten folgte das Werk dabei lediglich den internationalen Bauvorschriften. Die Verlegung des Kühlers nach vorn und die Einführung des elektrisch gesteuerten Kühlgebläses 1985 waren gekoppelt mit einem gefälligen, in Wagenfarbe lackierten Fronmittelteil. In dieser Form brachte der Wartburg 353 die Zweitaktära zu Ende.

Trotz der zuletzt ganz offenkundigen Rückständigkeit genoss der 353 beim in der Auswahl so eingeschränkten DDR-Publikum hohes Ansehen. Dabei schwang immer auch ein gewisser Stolz für das heimische Produkt mit, sofern jemand nicht eine grundsätzliche Abneigung gegen den Zweitaktmotor hatte.

Dass große Gepäckabteil machte den Wartburg „Tourist" zu einem Kombi mit hohem Nutzeffekt. Foto: AWE

Optisch aufgefrischt für die späte Schlussrunde: Wartburg 353 W ab 1985, hier auf einem Pressefoto des belgischen Importeurs. Foto: Pierreux

Wartburg 353

Antrieb	Front, Dreizylinder-Zweitakter 992 cm³/45 PS (ab 1969 50 PS), Längseinbau, 4-Gang-Getriebe
Aufbau/Fahrwerk	Kastenprofilrahmen Einzelradaufhängung und Schraubenfedern vorn und hinten
Maße	Länge/Breite/Höhe (mm): 4220/1642/1495 (Tourist: 4380/1642/1496) Radstand (mm): 2450
Leistungswerte	Höchstgeschwindigkeit (km/h): 125 (ab 1975 130) 0-100 km/h (s): 27 (ab 1969 21) Verbrauch (l/100 km): 10, Tourist 10,5 (ab 1969 10,5, Tourist 11)
Preis (Limousine Standard)	16.950 Mark
Bestand (1988)	504.963
Produktionsstückzahl	1.224.662

Wartburg 1.3 *Große Premiere, unrühmliche Absetzung*

Letzter Versuch: Wartburg 1.3 New Line des Tuners Irmscher. Die Zeit des Wartburg-Viertakters war da schon abgelaufen.
Foto: Automobilwerk Eisenach

Mit dem Wartburg 1.3 hatte das Automobilwerk Eisenach zunächst Glück: Gut ein Jahr vor der politischen Wende in der DDR konnte die „Viertakt-Premiere" (Presseankündigung) nur auf ein positives Echo stoßen, wie geplant – und diese Art sozialistische Planung funktionierte immer. Mittelfristig hat der 1.3 niemandem Glück gebracht, denn für den sich bald entwickelnden freien Markt war das Modell ungeeignet. Der unglaublich hohe Verkaufspreis von 30.000 Mark (rund 10.000 Mark mehr als für den Zweitakt-Wartburg) wurde schon 1988 bei der Premiere hinter vorgehaltener Hand kritisiert.

Schneller (Endgeschwindigkeit 140 statt 130 km/h, 0-100 in 18 statt 20,5 Sekunden) und sparsamer (rund 7,4 statt 10 Liter auf 100 Kilometer) und außerdem weit elastischer und zugkräftiger präsentierte sich der Wartburg 1.3 in ersten Testberichten. Dafür verantwortlich war der neue Motor der VEB Barkas Werke in Karl-Marx-Stadt, gebaut auf Grund einer Volkswagen-Lizenz. Allerdings hatte zur Premiere die Entwicklungsabteilung in Eisenach, die dem zugelieferten Motor ohnehin skeptisch gegenüber stand, unerwartet umfangreiche Umbauten am Fahrwerk bewältigen müssen. Die Querlage von Motor und (hauseigenem) Getriebe und die Maße der vorhandenen Rahmenanlage hatten eine Spurverbreiterung von 60 Millimetern und somit Änderungen an Querlenkern, Federbeinen und Schraubenfedern vorn und eine Anpassung an die neue Spurweite auch hinten zur Folge gehabt. Eine sichere Hand bewiesen wiederum die Stilisten des Hauses. Es genügten wenige gestalterische Kniffe (Schein-

werfer-/Blinkereinheiten, Frontmittelteil, Stoßfänger), um die Karosserie aus den 1960er Jahren noch einmal aufzufrischen – gutes Design hält eben lange.

Der Kombi „Tourist“ und der Pickup „Trans“ folgten der Limousine nach kurzer Zeit. Das Programm war komplett, die Autos aber noch nicht fertig. In der letzten Pressemappe des da schon als Automobilwerk Eisenach GmbH firmierenden Werkes kündigte man zur Leipziger Herbstmesse 1990 Weiterentwicklungen an: bessere Sitze, neues Lenkrad, neue Radverkleidung, den ungeregelten Katalysator und für später ein Fünfganggetriebe. Vergeblich auch die Bemühungen von Günther Irmscher, einem aus Thüringen stammenden Opel-Tuner mit einem renommierten Betrieb in Remshalden/Baden-Württemberg.

Sonderfahrzeug: Den Werkstransporter für die Rallye-Wartburg gab es auch auf Basis des 1.3.
Foto: Gerrit Haas

Wartburg 1.3

Wendezeit: Mit dem Wartburg 1.3 Tourist als Taxi in die Marktwirtschaft – gesehen in Bad Langensalza (Thüringen).
Foto: Matthias Röcke

Er peppte den Wartburg 1.3 optisch und im Fahrwerk auf und nannte ihn „New Line". Bestellungen für die ganze Baureihe blieben aus, die Welle der Abbestellungen aus DDR-Zeiten hatte das Werk da schon hinter sich. Der Wartburg 1.3 musste den ganzen Frust der autofahrenden DDR-Bürger „abfackeln": Konkret wegen des ursprünglichen Preises und unerwarteter Qualitätsmängel, indirekt wegen aller Mühsale rund um das Autofahren in der DDR. Einen letzten Vergleichstest in „Der Straßenverehr/Auto" verlor der Wartburg gegen Lada Samara und Skoda Favorit sang- und klanglos. Und auf den Preis von nun 13.450 DM musste das Werk stolze 6250 DM drauflegen, um „Kostendeckung" zu erreichen. Das bittere Ende war unvermeidbar und kam am 10. April 1991.

Wartburg 1.3

Antrieb	Front, Reihenvierzylinder 1272 cm³/ 58 PS, Quereinbau, 4-Gang-Getriebe
Aufbau/Fahrwerk	Kastenprofilrahmen Einzelradaufhängung vorn (Doppelquerlenker) und hinten (Querstabilisator) Schraubenfedern
Maße	Länge/Breite/Höhe (mm): 4216 (Kombi 4276)/1640/1495 Radstand (mm): 2450
Leistungswerte	Höchstgeschwindigkeit (km/h): 140 0-100 km/h (s): 18 Verbrauch (l/100 km): 7,4
Preis	30.200 Mark, zuletzt 13.450 DM
Produktionsstückzahl	152.775

Tradition und Fortschritt

Das Automobilwerk Eisenach gehört zu den traditionsreichsten Produktionsstätten von Automobilen überhaupt.
1896 entstanden die ersten WARTBURG-Motorwagen und bereits seit 1953 produziert der VEB Automobilwerk Eisenach in Großserien Personenkraftwagen mit Frontantrieb. Unterhalb der Wartburg begründete man damals maßgeblich diese heute weltweit im PKW-Bau vorherrschende Antriebstechnik mit.
Schon immer boten die allseitig bewährten WARTBURG-Automobile einen weit über dem Durchschnitt der Hubraumklasse liegenden hohen Gebrauchswert und eine ausgezeichnete Gesamtwirtschaftlichkeit.
Mit dem IFA-WARTBURG 1.3 stellt das Automobilwerk Eisenach ein Fahrzeug vor, das – die guten Traditionen fortsetzend – ein modernes, nach dem Viertaktprinzip arbeitendes Triebwerk erhielt.
Mit diesem leistungsstarken Motor wird gleichzeitig den verstärkten internationalen Bemühungen zur weiteren Reduzierung der Umweltbelastung Rechnung getragen, da er die für die Abgasemission in der ECE-Regulierung festgelegten Werte erfüllt. Der Einbau des Motors – vorn querliegend – sichert die Beibehaltung der Außenabmessungen und die bekannt gute Manövrierfähigkeit.
Mit dieser Einbauvariante gehen der Einsatz eines neu entwickelten Getriebes, die Verbreiterung der Spurweiten und umfangreiche Veränderungen am Fahrwerk im gesamten vorderen Bereich einher. Karosseriebasis bleibt die stabile Fahrgastzelle mit großem Raumangebot für Insassen und Gepäck in Stufenheckbauweise. Die Beibehaltung der bewährten Rahmenkonstruktion garantiert auch weiterhin die bekannt dauerhafte Stabilität der WARTBURG-Karosserie, ausgeprägt reparaturfreundlich durch leichte Austauschbarkeit exponierter Blechteile.
Die erforderlichen Veränderungen im Karosserie-Frontbereich wurden durch konstruktive Maßnahmen am Fahrzeugheck ergänzt und führen unter Berücksichtigung der Entwicklungstendenzen im internationalen Automobilbau in Verbindung mit schmutzabweisenden, breiten Kotflügelwülsten und breiten Stoßfängern zu einer deutlichen Veränderung des äußeren Erscheinungsbildes des Gesamtfahrzeuges.

VIERTAKT
PREMIERE

Weil die Welt der DDR äußerlich noch „heil" war, stieß der Wartburg 1.3 nicht auf offene Ablehnung bei seiner Premiere im Herbst 1988. Kritisiert wurde aber hinter vorgehaltener Hand der Verkaufspreis von 32.000 Mark. Prospektabbildung

Zaporoshets *Das Unikum*

Seltenes Dokument mit handschriftlichem Zusatz: Auf diesem Prospekt des Zaporoshets 965 ist nachträglich der Verkaufspreis für die DDR eingetragen.

Diese Marke war das Unikum in der DDR-Autoszene. Vom Konzept her technisch veraltet, zogen die Zaporoshets-Modelle aus der Ukraine durch skurrile Außengestaltung, gewöhnungsbedürftiges Fahrverhalten und Unzulänglichkeiten in der Verarbeitung trotz allgemeinen Automangels viel Spott auf sich. Dafür war der Preis relativ niedrig und die Wartezeiten deutlich kürzer als beim in der Größe vergleichbaren Trabant. Es gab aber auch Autofahrer, die zum „Zappelfrosch" – so lautmalend der Spitzname – standen, die seine Wintertauglichkeit, Bodenfreiheit, seine Zugkraft und derbe Robustheit zu schätzen wussten. Ein weiterer Spitzname lautete „Eisenschwein"

Zaporoshets 965

Antrieb	Heck, V4, luftgekühlt 748/887 cm³, 23/27 PS, Heckeinbau, 4-Gang-Getriebe
Aufbau/Fahrwerk	Selbsttragende Karosserie Einzelradaufhängung vorn und hinten Drehstabfederung und Schraubenfedern
Maße	Länge/Breite/Höhe (mm): 3330/1400/1450 Radstand (mm): 2024
Leistungswerte	Höchstgeschwindigkeit (km/h): 90/100 Verbrauch (l/100 km): 8
Preis	7530 Mark

Der letzte Zaporoshets schaffte es allerdings nicht mehr bis in die DDR. Der Hersteller ZAZ arbeitet heute in einem Joint Venture mit Daewoo bzw. General Motors.

Kantig und neu: Den Zaporoshets 966 gab es ab 1966 – hier auf einem Messestand im Westen, wo er sich nur in kleiner Stückzahl absetzen ließ.

Freundliche Einladung, die nicht jeden überzeugte: Prospekt des Zaporoshets 968 A.

Der luftgekühlte Heckmotor (vier Zylinder in V-Form angeordnet) mit zunächst 748 cm³ Hubraum und die großen Räder waren verantwortlich für die relative Geländetauglichkeit – das zählte durchaus noch etwas in der Ära vor allen alltagstauglichen Geländewagen. Für den VW Käfer galt dies ebenso wie für den Fiat 600, an den der erste Zaporoshets, der Typ 965, sich stilistisch anlehnte. Der Export in die DDR begann erst 1966, sechs Jahre nach dem Debüt. Zu diesem Zeitpunkt wurde bereits Zaporoshets Nummer zwei auf Kiel gelegt. Der Typ 966 hatte sich den NSU Prinz als Vorbild auserkoren (und jener seinerzeit den Chevrolet Corvair). Die eckige Karosserie bescherte mehr Platz im Innenraum und im vorderen Kofferraum. Immerhin hatten alle Typen Einzelradaufhängung rundum. Der V4-Motor, 1968 grundlegend erneuert, hielt durch bis zum Produktionsende 1994.

Zaporoshets 966/966 A (968)

Antrieb	Heck, V4, luftgekühlt 887 cm³, 27 PS/1196 cm³/40 PS (43 PS), Heckeinbau, 4-Gang-Getriebe
Aufbau/Fahrwerk	Selbsttragend Einzelraufhängung vorn und hinten Drehstabfederung und Schraubenfedern
Maße	Länge/Breite/Höhe (mm): 3730/1535/1370 Radstand (mm): 2160
Leistungswerte	Höchstgeschwindigkeit (km/h): 105/120 Verbrauch (l/100 km): 8
Preis	11.749 Mark
Bestand (1986)	55.957

Zastava 1100

Antrieb	Front, Reihenvierzylinder 1116 cm³/55 PS, Quereinbau, 4-Gang-Getriebe
Aufbau/Fahrwerk	Selbsttragend Einzelradaufhängung, Querlenker, Federbeine, Schraubenfedern vorn Einzelradaufhängung, Dreiecksquerlenker Dämpferbein mit Querblattfeder hinten
Maße	Länge/Breite/Höhe (mm): 3836/1590/1372 Radstand (mm): 2449
Leistungswerte	Höchstgeschwindigkeit (km/h): 135 0-100 km/h (s): 17 Verbrauch (l/100 km): 8
Preis	20.300 bis 20.900 Mark
Bestand (1988)	4821

Ob der gegenüber dem italienischen Original abgeänderte Heckabschluss stilistisch gelungen ist, interessiert beim Zastava 1100 kaum angesichts des praktischen Kombieffekts. *Foto: Pierreux*

Heißt begehrt ist der Zastava 1300 wegen seiner aus dem Westen stammenden Technik – die Importstückzahlen bleiben aber klein.

Am Auto interessierte DDR-Bürger müssten dem Fiat-Konzern eigentlich dankbar sein. Die vielfältigen Aktivitäten der Italiener in Richtung Osten bereicherten den ausgedünnten Binnenmarkt immerhin in drei Fällen um Fahrzeuge, die auf Westlizenzen fußten. Die nach Polski-Fiat und Lada dritte Form markierte in der Beliebtheit die Spitze: der Zastava 1100 aus Jugoslawien wurde ab 1976 für rund sechs Jahre in Stückzahlen von rund 1000 Exemplaren pro Jahr importiert. Schon die technische Basis, der 1969 eingeführte Fiat 128, war fortschrittlicher als die Baureihe 124/125 der anderen Lizenzprodukte. Auch im Westen genoss der Fiat 128 eine guten Ruf als flottes, gut auf der Straße liegendes Kompaktauto, übrigens der erste Fiat mit Frontantrieb. Im serbischen Kragujevac produzierte Zastava neben dem Original mit Stufenheck als Eigenentwicklung die Schrägheckvariante, die es dann auch in der DDR gab.

Hier blieb es bei der kleinsten Motorisierungsvariante. Der quer eingebaute Reihenvierzylinder holte aus 1100 Kubikzentimetern Hubraum bescheidene 55 PS. Es ging aber auch mehr (in der Fiat-Serie bis 67 PS) und das machte den Zastava vor allem für Motorsportler interessant. Die Zastava-Fahrer in der DDR haben sich am guten Platzangebot (einschließlich umlegbarer Rückbank), der praktischen Heckklappe, der guten Straßenlage und der recht ordentlichen Grundausstattung erfreut. Der Preis von 20.300 Mark – 3500 Mark mehr als für den Wartburg – war ihnen das wert. In der Bundesrepublik hatte der Zastava, im Gegensatz zu Polski-Fiat und Lada, keine Chance. Zastava baut heute nach Unterbrechung durch den Balkankrieg weiterhin Fiat-Lizenzen und Abwandlungen.

Transportwesen in der DDR

IFA
RP 95 62
Baustelle
Betreten verboten
Eltern haften für ihre Kinder

Der erste Barkas ist die letzte Entwicklungsstufe des Framo, gebaut von 1957 bis 1961. Nachfolger ist der B 1000 von 1950.
Foto: VEB Barkas-Werke

Lastwagen und Transporter

Bewährt, aber auch nur langsam weiter entwickelt: Modelle des Robur Garant 32 auf der Leipziger Frühjahrmesse 1957.
Foto: Werkfoto VEB Robur-Werke

Einige Parallelen gibt es in der Situation in der DDR um die überwiegend privat genutzten Personenwagen und die der Nutzfahrzeuge: Beiden gleich war der Mangel an Fahrzeugen und Ersatzteilen, auch das „staatsseitige“ Abwürgen hoffnungsvoller Neuentwicklungen der Hersteller. Als Beleg für Letzteres stehen weit gediehene Nachfolgeentwicklungen für den Robur und den W 50 in einem Baukastensystem, vielversprechend und folgerichtig angelegt, ebenso für den Barkas. Und was ab den 1980er Jahren kam, blieb halbherzig. Auch die letzte Neuheit der DDR-Nutzfahrzeugindustrie, der IFA L 60 von 1988, entpuppte sich als inkonsequente Angelegenheit: Hier war alles neu außer der Kabine. Insgesamt hatten – trotz des L 60 – auch die Nutzfahrzeuge zum Ende der DDR den Anschluss an die technische Entwicklung verloren, mit Ausnahme des Spezialfahrzeugs Multicar. Aufgegangen in der Hako GmbH mit Sitz Waltershausen im Kreis Gotha (Thüringen), ist der Hersteller von Geräteträgern und Transportfahrzeugen als Marke heute noch präsent.

Die SED als die staatstragende Macht bestimmte auch im Transportwesen jedes Detail, legte die Dringlichkeit der Auslieferungen fest – Armee und andere Staatsorgane zuerst, dann die verschiedenen Wirtschaftsbereiche nach per Plan festgelegter Reihenfolge – und bestimmte auch über Neuerungen im Fertigungsprogramm. Zum Leidwesen der Nutzfahrzeugindustrie in der DDR kam die Aufgabenverteilung auf diesem Gebiet zwischen den sozialistischen Staaten hinzu. Danach durften ab den 1960er Jahren in der DDR nur Lastwagen bis zwölf Tonnen Gesamtgewicht und keine Busse in Standardgröße gebaut werden.

Auch oder besser vor allem aufgrund der Importe entstand so durchaus eine Vielfalt von Mar-

ken und Typen, wie sie ja auch in diesem Kapitel präsentiert wird. Allerdings Trotz des Imports von Transportern, Lastwagen und Omnibussen meist aus den sozialistischen Staaten, reichte die Anzahl der verfügbaren Fahrzeuge im Land nicht aus. Das führte bei den Lkw dazu, dass der bewährte und in hoher Stückzahl produzierte IFA W 50 mit fünf Tonnen Nutzlast im täglichen Arbeitseinsatz regelmäßig überstrapaziert wurde.

Wenn auch prinzipiell die Deutsche Reichsbahn Vorrang hatte, war doch ein Netz von Kraftverkehrsbetrieben im ganzen Land unverzichtbar. Je problematischer die Versorgung der Bevölkerung mit Konsumgütern sich entwickelte, umso mehr kam es auf den Kraftverkehr im Bezirk oder vor Ort an. Betriebe, in den „Kampf" um die Planerfüllung verstrickt, brauchten ebenso Transportkapazitäten wie die Landwirtschaftlichen Produktionsgenossenschaften (LPG) bei der Ernte (die Zeitungen sprachen regelmäßig von der „Ernsteschlacht"). Auch der Transport von Exportgütern in westliche Staaten gehörte zu den Aufgaben – hier war die Reichsbahn außen vor, weil es schnell gehen musste. Und alles spielte sich ab im Spannungsfeld von unflexibler Planwirtschaft und hohem Termindruck. Da half wie überall in der DDR nur das ständige Improvisieren.

In diesem Geflecht war auch noch Platz für private Transportunternehmen. Sie waren geduldet, füllten Lücken, wurden benachteiligt in der steuerlichen Behandlung und bei der Ersatzteilzuteilung – gebraucht wurden sie aber doch. Ihre Aufträge erhielten sie allein über den regionalen VEB Kraftverkehr, sie mussten nehmen, was ihnen angeboten wurde. Neuwagen bekamen sie keine und so entwickelten sie sich zu Spezialisten im Konservieren von Altfahrzeugen. Dazu gehörte auch, völlig verbrauchte Fahrgestelle nicht zu entsorgen, sondern sie als Basis eines kompletten Neuaufbaus zu verwenden.

Genauso erging es den privaten Omnibusunternehmen. In der Bevölkerung waren sie natürlich weitaus präsenter als die privaten Spediteure, denn mit dem Busunternehmer vor Ort ließ sich manch unerwartete Tagesreise oder auch ein Ausflug mit der Arbeitsbrigade verwirklichen. Unverzichtbar waren sie aber auch für die Erfüllung von Pflichtaufgaben: Sie erhielten feste Aufträge vom VEB Kraftverkehr, um Lücken im Öffentlichen Personennahverkehr und im stark ausgebauten Arbeiterverkehr zu füllen. Neue Fahrzeuge erhielten die Unternehmen auch hier kaum – mit einer großen Ausnahme: Bei Fleischer in Gera entstanden hochmoderne, qualitätsvolle Reisebusse auch für private Busunternehmer, wenn sie denn ein Fahrgestell oder wenigstens eine Fahrgestellnummer anliefern konnten. Andere Reisebusse kamen sogar als komplette Eigenbauten der Busunternehmer auf die Straße – eine Typenvielfalt sozialistischer Ausprägung.

Linke Seite: An zahlerichen Aufbauvarianten (links und oben rechts) herrscht bei Robur kein Mangel – und 1961 ist der nagelneue Frontlenker LO 2500 auch topaktuell. Fotos: VEB Robur-Werke.

Lastzüge von Skoda Liaz aus der CSSR fahren im Binnen- und Auslandsverkehr, sogar auch in westliche Länder. Hier ein Prospekt der Exportgesellschaft Motokov.

Praktisch und auf Wunsch auch edel geht es bei Robur zu: Das Bild links zeigt einen aufwändig und elegant gestalteten Bestattungswagen auf Basis des Garant 32, ...

... während rechts ein Kastenaufbau für den Möbeltransport zu sehen ist. Die Seitenflächen bestehen aus Planenstoff und lassen sich komplett öffnen. Fotos: VEB Robur-Werke

Autobuzul TV (ca. 1958 – 1992)

Antrieb	Vierzylinder-Reihenmotor, Vergaser, 77 PS, Hubraum: 2512 cm^3 (ab 1976: 80 PS/2485 cm^3, ab 1979: Diesel 71 PS/3120 cm^3), 4-Gang-Getriebe
Fahrgestell	Leiterrahmen, Starrachse vorn und hinten
Gewichte	Fahrzeug: 1,77 Tonnen, zul. Gesamtgewicht: 3,02 Tonnen (Pritschenwagen)

Der Spitzname dieses Transporters in der Bevölkerung der DDR sagt alles über sein Ansehen: Als „Balkanesel" ist er an Kraftfahrzeugen Interessierten ein Begriff. Skepsis gegenüber dem Herkunftsland Rumänien, Anspielung auf eine gewisse Einfachheit, aber auch nicht ohne Respekt gegenüber dem treuen, wenn auch störrischen Tier schwingt hier mit. Der TV aus der Omnibusfabrik Autobuzul (AB) in Bukarest kommt in der Zeit von 1968 bis 1982 in 27.300 Einheiten in die DDR. Wie bei vielen Nutzfahrzeugen in den sozialistischen Staaten, deren Technologie auf Technik aus der Sowjetunion basiert, verbaut auch TV sehr lange nur Vergasermotoren und schränkt damit die Wirtschaftlichkeit der Fahrzeuge stark ein. Autobuzul verwendet beim TV einen großvolumigen Vierzylinder, der Material schonend bei niedriger Drehzahl läuft. Die KFT ermittelt in einer Vorstellung des Kleinlasters im Jahre 1968 einen Verbrauch von 17,6 Litern auf 100 Kilometern mit beladenem Fahrzeug. Bei diesem Motor bleibt es bis 1976, als eine aus dem Geländewagen ARO stammende Maschine ähnlichen Leistungsniveaus ihn ersetzt (TV 12). Ein Dieselmotor (71 PS aus 3,1 Litern Hubraum) steht dann ab 1979 im TV 15 zur Verfügung. Der Motor ist die Abwandlung eines Traktoraggregats, das auf einer Lizenz von Fiat fußt.

Anfangs durchaus noch mit modernen Zügen wirkt der TV 41 mit seinen großen Rädern und der etwas grobschlächtigen Flächenaufteilung mehr und mehr veraltet. Zudem ist er so schwer wie er aussieht. Auf 3,1 Tonnen bringt es der ausgelastete Kastenwagen, immerhin 1250 Kilogramm davon stehen für Nutzlast bereit. Als Kastenwagen und als Pritschenwagen wird der TV in der DDR eingesetzt, die Rumänen bauen außerdem noch einen Kleinbus mit maximal 13 Plätzen, einen Kombi, eine Hochdachausführung und einen Hinterkipper, später auch ein Fahrgestell mit längerem Radstand und eine Ausführung mit Doppelkabine. Autobuzul hat mit seinen Transportern in der Marktwirtschaft keine Chance, auch nicht auf dem heimischen Markt. Die Produktion des TV läuft um 1992 aus, die Firma existiert unter dem Namen Rocar bis 2003 und baut Stadtlinienbusse.

Barkas B 1000

An diesem Auto ist (fast) alles neu – was für eine Premiere für einen Hersteller, der über Jahre veraltete Modelle hatte anbieten müssen und noch länger an dem nun vollendeten Nachfolger gearbeitet hat. Frontlenker, Frontantrieb, in der geschlossenen Ausführung teilselbsttragender Aufbau (Schalenaufbau und Bodenrahmen), günstige Gewichts- und Platzverhältnisse – all das gehört ab dem Juni 1961 zum Barkas. Nur der Dreizylinder-Zweitaktmotor ist geblieben, inzwischen auf den Pkw Wartburg abgestimmt und parallel in beiden Modellreihen verwendet, sogar noch beim V 901 (siehe auch S. 94). Zweitaktmotoren stören zu dieser Zeit längst nicht jeden, wenn auch die Fachleute im Werk und außerhalb natürlich wissen, dass ein kleiner Diesel genau das Richtige gewesen wäre. Tatsächlich hat es bei Barkas solche Überlegungen gege-

Der Neue: Modern dank Frontantrieb, Einzelradaufhängung und teilselbsttragendem Aufbau. Niemand kann bei der Premiere 1961 ahnen, dass der Barkas des Jahres 1991 genau so aussehen wird …
Foto: VEB Barkas-Werke

ben, sie sind aber im Ansatz stecken geblieben. Glücklicherweise können die zu recht stolzen Entwickler bei Barkas nicht ahnen, dass sie sich ihrem jüngsten Kind 30 Jahre lang werden widmen müssen. Schon 15 hätten genügt, um aus einer fortschrittlichen Konstruktion eine von der Zeit überholte zu machen, der Barkas B 1000 musste die doppelte Zeit durchhalten.

Das ist natürlich im Juni 1961 kein Thema, ganz im Gegenteil. Lob gibt es von allen Seiten und in der Tat hat Barkas ganze Arbeit geleistet. Der neue Transporter trägt eine Tonne bei ähnlichem Eigengewicht, der Kastenwagen hält einen Laderaum von 6,4 Kubikmetern vor, der Barkas hat als Fronttriebler eine überdurchschnittliche Straßenlage, bietet gute Sicht und ist weich gefedert. Ein großer Teil des Fortschritts liegt im Fahrwerk. Einzelradaufhängung über Schräglenker sowie Federstäbe und Teleskopstoßdämpfer an beiden Achsen sind ein frisch geschnürtes Paket besten Inhalts. Der Aufbau des Kastenwagens besteht aus einer mittragenden Ganzstahlkarosserie, für die Pritschenausführung und für andere Aufbauten wird ab 1964 ein Hilfsrahmen montiert.

Auch optisch überzeugt der Barkas B 1000 auf Anhieb. Der Kunstgriff, die obere Hälfte des Aufbaus beim Kastenwagen schmaler auszuführen als die untere, gibt dem Kastenwagen ein muskulöses Aussehen und statt mit glatten Seitenwänden präsentiert sich der Barkas in mehreren voneinander abgesetzten Segmenten. Originell wirken die kleinen Fenster hinter den vorderen Türen. Das Gesicht des Barkas prägt das trapezförmige, abgerundete Lüftungsgitter in wohlproportioniertem Abstand zu Scheinwerfern und Blinklichtern. Dieses Gestaltungselement ist allerdings das erste, das im Laufe der Jahre an Aktualität verliert. Tatsächlich erfährt der Barkas in seiner gesamten Bauzeit keinerlei stilistische Veränderung mit Ausnahme geänderter Stoßfänger 1983 und größerer Rückspiegel 1984! Weiterentwicklungen beziehen sich meist auf Heizung und Lüftung und auf wenige Technik-Komponenten wie Kugelumlauflenkung 1979 und Drehstromlichtmaschine 1980. Erst 1985 gibt es die Schiebetür an der Seite – ein krasser Anachronismus im Vergleich zu den auch in anderen Gesichtspunkten hoch überlegenen Westprodukten.

Der Barkas und seine Zeit: Im Vergleich zur im Sozialismus wenig vielfältigen Architektur in den frühen 1960er Jahren wirkt das Design des Transporters weitaus interessanter. *Foto: VEB Barkas-Werke*

Die Stärke des Barkas-Programms ist aber die Variantenvielfalt. Der geschlossene Aufbau taugt zu Kastenwagen, Kombi mit zweiter Sitzbank und zweiten Seitenfenstern und Kleinbus (auch für Polizei und Rettungsdienst), das Fahrgestell für Pritsche, verschiedene hohe Kastenaufbauten oder kleine Drehleitern. Ab 1983 existiert mit dem Barkas B 1000 SMH (Schnelle Medizinische Hilfe) ein spezieller Kunststoffaufbau für Rettungsfahrzeuge. Er bietet den nötigen Platz für das medizinische Personal, ist aber für den Wartburg-Motor eigentlich zu schwer. Der sehr rührige belgische Importeur Pierreux fügt weitere Varianten hinzu, zum Beispiel mit Kipper, Hochkasten oder Aufbauten auf verlängertem Fahrgestell. Wahlweise baut er in den 1980er Jahren Dieselmotoren von Ford ein. Kurios der Transportweg: Da die Barkas nur mit Motor lieferbar sind – während seiner Entstehung muss jeder Neuwagen fabrikationsbedingt ein Stück des Weges aus eigener Kraft zurücklegen – müssen nicht benötigte Zweitaktmotoren in Belgien ausgebaut und zurückgesandt werden!

Schließlich das unrühmliche Ende des einst so fortschrittlichen Barkas, sein Auslaufen mit Viertaktmotor. Die Motoren aus der Volkswagen-Lizenz, die auch in den Personenwagen Wartburg und Trabant ab 1988 und 1989 verwendet werden und aus dem Barkas-Motorenwerk in Karl-Marx-Stadt stammen, sind ebenso für den Transporter vorgesehen. Wie bei den Pkw fallen erhebliche konstruktive Umbauarbeiten an und als der Viertakt-Barkas zur Leipziger Herbstmesse 1989 vorgestellt wird, steht das Ende der DDR und damit auch des wettbewerbsfreien Binnenmarktes kurz bevor. In Serie geht der Barkas B 1000-1 im Jahre 1990, als ihn im geöffneten Markt wirklich niemand mehr haben will. Entgegen den in der Front aufgepeppten Messeexemplaren ist er äußerlich nur am Schriftzug erkennbar. Die Produktion kommt kaum in Gang, nach knapp 2000 Einheiten ist am 10. April 1991 Schluss. Die Anzahl aller Barkas B 1000 beträgt exakt 177.656 Fahrzeuge. Den gesellschaftlichen Wandel im vereinten Deutschland überlebt das Werk nicht.

Barkas B 1000 mit Blaulicht zählten zu den weit verbreiteten Varianten des klassischen Lieferwagens der DDR – hier als Krankentransport- und Rettungswagen in der Dringenden Medizinischen Hilfe (DMH). *Foto: Deutsche Fotothek/Grahn*

Barkas B 1000 (1961 – 1991), Barkas B 1000-1 (1990 – 1991)

Antrieb	B 1000: Dreizylinder-Zweitaktmotor, Vergaser, 42 PS (ab 72: 45 PS), Hubraum: 992 cm^3, 4-Gang-Getriebe; B 1000-1: Vierzylinder-Reihenmotor, Vergaser, 58 PS, Hubraum: 1272 cm^3, 4-Gang-Getriebe
Fahrwerk	Kastenwagen: Ganzstahlaufbau, teilselbsttragend, Pritsche: Hilfsrahmen, Einzelradaufhängung vorn und hinten, Federstäbe
Gewichte	Kastenwagen 1,24 Tonnen, Pritschenwagen: 1,3 Tonnen, zul. Gesamtgewicht: Kastenwagen: 2,24 Tonnen, Pritschenwagen: 2,35 Tonnen

Csepel 450 N und 705 N

Csepel 705 N mit einem Kühlauflieger – man sieht dem Zug den harten Einsatz im Fernverkehr an. Im Laufe der Jahre wirkt das kühn gestaltete Fahrerhaus fast schon wieder nostalgisch. *Foto: Wolfgang Kohl*

Vermutlich um Engpässe bei bestimmten Versorgungsfragen zu beseitigen, bezieht die DDR gegen Ende der 1950er Jahre Sattelzugmaschinen des ungarischen Herstellers Csepel. Sattelzüge mit dem Csepel 450 N als Zugfahrzeug rollen mit Tankauflieger für Kraftstoff oder Milch oder mit Siloaufbauten für Zement über die Straßen der Republik, in den meisten Fällen komplett aus Ungarn importiert. Der 450 N macht mit seiner lang gezogenen Haube, den markant eckigen Kotflügeln und seinem breiten Gesicht einen stattlichen Eindruck, allerdings ist seine Nutzlast beschränkt (auf dem Normalchassis fünf Tonnen, Sattelzug sieben Tonnen). Technisch basiert der 450 auf dem Vorgänger D 420, der nach einer Lizenz von Steyr entstanden war. Der Motor, ein noch nach dem Vorkammerprinzip arbeitender Reihenvierzylinder, leistet 92 PS. Zwangsläufig geraten diese Sattelzüge nicht allzu lang und schwer, die begrenzte Kraft der Zugmaschine verbietet mehr.

Die stimmige Lösung lautet deshalb ab Mitte der 1950er Jahre Typ 705. Sieben Tonnen Nutzlast auf dem Chassis, als Sattelzugmaschine ausgelegt für einen 24-Tonnen-Zug (Nutzlast 12,3 Tonnen), das macht die Transporte weitaus rationeller. Nun gibt es einen Sechszylinder auf Basis der alten Steyr-Maschine, wahlweise

145 oder mit Turboaufladung 170 PS stark. Rundliche Formen, viergeteilte Frontscheibe mit Panoramaeffekt, die hinteren Seitenfenster als echte Panoramascheiben, leicht hervorstehende Front mit dreifach gegliedertem Grill und einer Auswölbung nach oben, häufig in Zweifarblackierung – mit diesem seinerzeit brandaktuellen Design hatte Csepel ein Zeichen gesetzt. Ebenso mit der Materialauswahl: Die Ungarn verwenden Aluminium! Die erste Serie des 705 wirkt in einer chrombesetzten Frontgestaltung etwas martialisch, bekannt geworden ist der große Csepel aber mit der gemäßigteren Gestaltung. Der Aufstieg dürfte von den Fahrern einige Übung verlangt haben, jedenfalls sitzt die kleine Trittstufe weit vorn, der Türausschnitt ist klein. Ihre stattliche Größe muss die Kabine schon deshalb mitbringen, weil der Reihensechszylinder längs steht. Der Csepel 705 ist nichts anderes als ein voll verkleideter Hauber, der Motor ragt weit in den Innenraum. Der VEB Deutrans und andere Kraftverkehrsbetriebe in der DDR nutzen den Csepel in relativ großer Zahl für den grenzüberschreitenden Verkehr, vermutlich als Ersatz für die allmählich rar gewordenen IFA H 6. „Möbel aus Thüringen" gehen wöchentlich über die Grenze in die Bundesrepublik, um Devisen einzufahren – häufig tut dies ein Csepel. Rund 700 Einheiten werden zwischen 1961 und 1971 importiert. Immer wieder kommen sie als Gesamtpaket für Speziallösungen aus Ungarn, zum Beispiel der Zementsilotransporter, gezeigt auf der Leipziger Frühjahrsmesse 1967 und noch für jenes Jahr in einer Stückzahl von 80 bezogen, wie die KFT berichtete.

Die Sattelzugmaschine 450 N von Csepel ließ nur relativ kleine Sattelzüge zu, die in der DDR Mitte der 1950er Jahre aber dennoch häufig mit speziellen Aufliegern eingesetzt wurden. *Foto: Archiv Michael Dünnebier*

Csepel 450 N (1957 – ca. 1965)

Antrieb	Vierzylinder-Reihenmotor, Diesel, 95 PS, Vorkammerprinzip, Hubraum: 5517 cm³, wassergekühlt, 5-Gang-Getriebe
Fahrgestell	Stahlblech-Profilrahmen, vorn Faustachse, hinten Starrachse
Gewichte	Fahrzeuggewicht: 4,1 Tonnen, Nutzlast (Sattelzug): 7 Tonnen, Gesamtzuggewicht: 16 Tonnen

Csepel 705 N (1958 – ca. 1964)

Antrieb	Sechszylinder-Reihenmotor, Diesel, 145/170 PS, Vorkammerprinzip, Hubraum: 8276 cm³, wassergekühlt, 5-Gang-Getriebe
Fahrgestell	Stahlblech-Profilrahmen, vorn Faustachse, hinten Starrachse
Gewichte	Fahrzeuggewicht: 6,4 Tonnen, Nutzlast (Lastzug): 12,3 Tonnen, Zuggesamtgewicht: 24 Tonnen

Framo V 501 (1949 – 1952)

Letzte Entwicklungsstufe des ersten Barkas: Der V 901/2 verfügt bereits über den überarbeiteten Zweitaktmotor aus dem Pkw Wartburg. 1961 wird er vom B 1000 abgelöst. Foto: VEB Barkas-Werke

Das dritte Standbein neben Horch und Robur für ein Anlaufen der Nutzfahrzeugproduktion in der DDR sind die Metallwerke Frankenberg in Hainichen in Sachsen. Auch hier dient die Vorkriegsproduktion als Grundlage für die ersten Schritte nach Kriegsende – und unter neuen gesellschaftlichen Verhältnissen. Von der sowjetischen Besatzungsmacht demontiert und 1949 von der SED verstaatlicht beschreitet das einst zu DKW gehörende Werk mit dem Framo V 501 einen mühsamen Weg. Der Framo ist ein Lieferwagen klassischer Bauart mit einem 17 PS starken Zweitaktmotor, eine Entwicklung aus Frankenberg. Die Nutzlast des Pritschenwagens fällt mit 770 Kilogramm bei 890 Kilogramm Eigengewicht relativ niedrig aus, aber das dürfte in den Zeiten des Wiederaufbaus mit all ihren Mangelerscheinungen keine Rolle gespielt haben, die Fahrzeuge werden ohnehin überstrapaziert. Eher fällt die schwache Motorleistung des Zweizylinders auf. Es handelt sich um einen ungewöhnlichen Doppelkolbenmotor. Dabei verfügen je zwei gegenüberliegende Kolben über einen gemeinsamen Verbrennungsraum und Anlenkpunkt an der Kurbelwelle. Die exotische, aus dem Motorradrennsport stammende

Framo V 901 (1952 – 1961) DDR

Konstruktion wird Anfang 1952 durch den neuen DKW-Dreizylinder ersetzt. Dieser Motor war noch vor dem Krieg entwickelt worden und hatte 1949 im Pkw IFA F9 Premiere gefeiert. Dem nun V 901 genannten Framo stehen 24 PS zur Verfügung.

Die spitze, abgerundete Nase, die schräg stehende A-Säule und die stattlichen Kotflügel geben dem Framo die Optik eines kleinen Lastwagens. Dem Pritschenwagen folgt ein Kastenwagen und 1952 auch ein Kleinbus. Von diesem werden auch ein Krankenwagen und ein Kombi abgeleitet – das Programm steht, die Stückzahlen bleiben mit maximal 4000 im Jahr aber niedrig. 1954 führt das Werk ein breiteres Fahrerhaus ein, Chromverzierungen in der Motorhaube und die Einbeziehung der Scheinwerfer in die Kotflügel bringen eine optische Aufwertung des jetzt 901/2 genannten Lieferwagens. Ab 1957 heißt er dann Barkas (Blitz), umbenannt wie das ganze Werk (VEB Barkas-Werke), dem außerdem die Motorenfertigung und die Fertigung des Geländewagens P 2 in Karl-Marx-Stadt zugeschlagen worden war. Die geringe Nutzlast und das hohe Eigengewicht wirken sich in den 1950er Jahren mehr und mehr negativ aus, es ist längst Zeit für einen modernen Nachfolger. Vom 901 werden insgesamt 29.378, vom V 501 nur 1242 Einheiten gefertigt.

Framo V 501 (1949 – 1952), Framo V 901 u. 901/2 (1951 – 1961)

Antrieb	V 501: Zweizylinder-Zweitaktmotor (Doppelkolben), 17 PS, Hubraum: 496 cm^3; V 901: Dreizylinder-Zweitaktmotor, 24 PS, Hubraum: 900 cm^3, Wasserkühlung, 4-Gang-Getriebe
Fahrgestell	Leiterrahmen, Längsträger aus U-Profilen, vorn Einzelradaufhängung, hinten Starrachse, Querblattfedern
Gewichte	Fahrzeuggewicht Pritschenwagen V 501: 0,9 Tonnen, V 901: 0,95 Tonnen, zul. Gesamtgewicht: V 501: 1,65 Tonnen, V 901: 1,7 Tonnen

Dieser anfänglich von den Framo-Werken in Hainichen/Sachsen und ab 1958 von dem VEB Barkas-Werke Karl-Marx-Stadt gefertigte Barkas-Kleintransporter V 901/2 war auch in den frühen 1980er Jahren noch relativ häufig auf den Straßen der DDR anzutreffen. Der Name „Barkas" (aus dem Phönizischen so viel wie Blitz, der Schnelle) galt ab 1957 als Markenzeichen. In der Ausführung als Pritschenwagen konnte das mit einem 28 PS starken wassergekühlten Dreizylinder-Zweitakt-Vergasermotor angetriebene Fahrzeug 900 kg Nutzlast mit einer Maximalgeschwindigkeit von 80 km/h befördern.

Foto: Udo Paulitz

GAZ 51

Nutzfahrzeuge des Gorki Automobilwerks (GAZ) aus der Sowjetunion spielen in der DDR außerhalb der Streitkräfte kaum eine Rolle, ganz im Gegensatz zu den Personenwagen der Marke Wolga, die zusammen mit dem Vorgänger Popjeda während der ganzen 40 Jahre den allgegenwärtigen Dienstwagen unterhalb der Ebene der Staatskarossen sowie auch große Teile der landesweiten Taxiflotte stellen. Nur ganz am Anfang kommen auch die Lkw der 1932 auf der Basis von amerikanischen Ford-Lizenzen begründeten Marke in die DDR. Jener GAZ 51 stellt die erste Eigenentwicklung der russischen Fahrzeugingenieure dar, ein kleiner Lastwagen mit 2,5 Tonnen Nutzlast (laut Prospekt auf „Kunststraßen", auf Feldwegen sind es nur zwei Tonnen) und, wie zu jener Zeit üblich in der Sowjetunion mit ihren eigenen Ölreserven, verbrauchsintensivem Vergasermotor (laut Prospekt benötigt er 22 Liter auf 100 Kilometern). Der Reihensechszylinder leistet aus 3,5 Litern Hubraum 70 PS. Der Import in den ganz frühen Jahren der DDR bietet sich auch deshalb an, weil die sowjetische Armee den Typ ebenfalls benutzt. Viele der für die DDR bestimmten Fahrzeuge, soweit sie nicht für die Streitkräfte vorgesehen sind, gehen an spezielle Einrichtungen wie den Uranbergbau oder an staatliche Stellen, unter anderem auch an die Feuerwehren. Anfangs kommen Feuerwehr-GAZ mit russischen Löschaufbauten. Diese werden aber nach und nach durch einheimische Technik ersetzt.

Für das Erscheinungsjahr 1946 wirkt die Kabine das GAZ 51 durchaus modern und ist, im Gegensatz zu mancher Notproduktion nach Kriegsende in anderen Ländern, bereits ganz aus Stahl gefertigt. Der auffällig kurze Radstand macht den GAZ 51 sehr wendig. So leistet er – später in der Weiterentwicklung GAZ 51 A mit einer Mehrleitung von zehn PS – wertvolle Dienste in der schweren Zeit nach dem Zweiten Weltkrieg, sowohl in der Sowjetunion wie in kleinem Rahmen auch in der DDR. Der Nachfolger GAZ 53 A erhält dann ein an US-amerikanischem Vorbild orientiertes Fahrerhaus, das in ähnlicher Form bis in die 1990er Jahre produziert wird. Erst dann verschwinden auch aus den GAZ-Lastwagen die Vergasermotoren.

Heute baut GAZ mit gutem Erfolg die Transporterbaureihen Gazelle/Sobol und Valday sowie den Typ 3309 als Nachfolger des GAZ 53 A. Außerdem hat die Muttergesellschaft GAZ Group im Jahre 2005 den britischen Hersteller LDV übernommen samt dessen Transporter Maxus. Zum Konzern gehören daneben auch die Ural-Lastwagen und der Motorenbauer YaMZ. Die Pkw-Produktion von GAZ hat sich dagegen in der freien Marktwirtschaft als sehr krisenanfällig erwiesen und ist fast zum Erliegen gekommen.

Robust, aber durstig – diese Rolle spielte in den ersten Jahren der DDR der GAZ 51 aus dem Automobilwerk Gorki, ausgestattet mit einem Vergasermotor. Die untere Zeile des Schriftzuges an der Motorklappe lautet „Molotow", benannt nach dem seinerzeit noch nicht in die Kritik geratenen früheren sowjetischen Außenminister.

GAZ 51 (1946 – 1964)

Antrieb	Sechszylinder-Reihenmotor, 70 PS, Vergaser, Hubraum: 3480 cm^3, Wasserkühlung, 4-Gang-Getriebe
Fahrgestell	Leiterrahmen, Starrachsen vorn und hinten, Blattfederung
Gewichte	Fahrzeug: 2,71 Tonnen, zul. Gesamtgewicht: 5,35 Tonnen

Wir zeigen zur Leipziger Frühjahrsmesse 1959

Diesellastkraftwagen
S 4000-1

4 t Nutzlast, Leistung 90 PS, Synchrongetriebe, modernes Fahrerhaus für 3 Personen, umfangreiches Spezialfahrzeug-Bauprogramm

Kleinwagen *Trabant*

viersitzige Limousine, luftgekühlter Zweizylinder-Zweitaktmotor, Leistung 18 PS, Viergang-Getriebe, Frontantrieb, Kraftstoff-Durchschnittsverbrauch 6—7 Liter/100 km. Höchstgeschwindigkeit 90 km/h. Selbsttragende Karosserie. Stahlblechgerippe mit Duroplast-Preßstoff beplankt

Bitte besuchen Sie unsere Ausstellungsstände in Leipzig
Technische Messe, Halle 22 (IFA-Pavillon)

VEB SACHSENRING AUTOMOBILWERKE ZWICKAU (SA.)

Horch H 3/H 3A

Der erste Lkw aus Zwickau nach Kriegsende: Mit dem Horch H 3 begann die Fertigung in kleinen Stückzahlen schon 1947.
Foto: Michael Dünnebier

Dieser Auftrag der sowjetischen Besatzungsmacht beendet 1947 das große Zittern im Horch-Werk in Zwickau: 300 Lastwagen gilt es abzuliefern, damit gibt es grünes Licht für den Kraftfahrzeugbau in dem traditionsreichen Werk. Seit 1946 waren Fahrzeugreparaturen genehmigt, zuvor hatte die totale Demontage des Horch- und des Audi-Werkes durch die Besatzungsmacht angestanden. Das nahm sie später zurück, ließ aber trotzdem den weitaus größten Teil des Maschinenparks in die Sowjetunion abtransportieren. Der verbliebene Rest stellt nun die eher dünne Basis für den Wiederaufbau nach dem Zweiten Weltkrieg dar und der Lastwagen H 3 vollzieht den Start.

Das geschieht schon 1947, nur zwei Jahre nach Ende des Krieges. Die Produktion gestaltet sich extrem schwierig, da es an vielen Teilen fehlt, von denen manche – obwohl von Ost- und Westbehörden verboten – aus den Westzonen durch Grenzgänger besorgt werden müssen. Nachdem der Auftrag für die Sowjets abgearbeitet war, können weitere H 3 an die einheimische Wirtschaft, vor allem an die Landwirtschaft, ausgeliefert werden. Insgesamt entstehen bis 1949 exakt 852 Lastwagen, sämtlich mit fester Pritsche.

Dass die Horch-Werke so schnell einen Lkw auflegen können, der zudem in seiner Konstruktion hochmodern ist, hat seine Ursache in einer komplett vorliegenden Konstruktion aus dem Jahre 1942 der wie Horch und Audi seinerzeit zur Auto Union gehörenden Marke Wanderer. Mit dem Auto Union 1500 wollte man Aufträge der deutschen Wehrmacht für Klein-Lastwagen mit 1,5 Tonnen Nutzlast erhalten, scheiterte aber bei der Auftragsvergabe. Der Entwurf des Auto Union 1500 hatte eine konsequente Frontlenkerbauweise vorgesehen, der Motor saß unter der

Sitzbank, was eine günstige Gewichtsverteilung und kompakte Ausmaße nach sich zog. Trotz dieser günstigen Vorgabe kann es den Horch H 3 aber nur geben, weil eine Anzahl nicht mehr verbauter Panzermotoren von Maybach dem Werk zur Verfügung stehen. Dieser Motor ist größer und schwerer als der von der Auto Union, so dass durch eine notwendige Verstärkung des Fahrgestells aus dem 1,5-Tonner ein Dreitonner wird.

Der H 3 taugt auf Grund seiner aufwendigen Bauweise und des nur als Provisorium nutzbaren Motors nicht für die erste grundlegend neue Nutzfahrzeugkonstruktion in der DDR. Die Horch-Werke machen sich deshalb schon an die zukunftsträchtige Lösung, als die Fertigung des H 3 gerade voll in Gang gekommen war. Um allerdings mit dem neuen Lkw H 3A schneller an den Start gehen zu können, erhält die klassische Haubenbauweise den Vorzug. Eine Neukonstruktion ist der Dieselmotor, in den Anfängen „mitgebracht" von Ingenieuren des nach 1945 nicht mehr existenten Herstellers Vomag aus Plauen. Er gehört zu einem Baukasten, oberstes Konstruktionsprinzip sind Robustheit und Einfachheit, auch in der Wartung. Der Vierzylinder

Horch H 3 (1947 – 1949)

Antrieb	Sechszylinder-Reihenmotor, Vergaser, 100 PS, Hubraum: 4198 cm^3 Wasserkühlung, 5-Gang-Getriebe unsynchronisiert
Fahrgestell	Leiterrahmen aus U-Profilen, Starrachsen vorn und hinten, Blattfedern
Gewichte	Fahrzeug: 3,45 Tonnen, zul. Gesamtgewicht: 6,45 Tonnen

Das „Gesicht" des DDR-Lastwagens für 17 Jahre: Hier S 4000 auf einem Pressefoto von Sachsenring aus Zwickau, das auf einer Flugtechnik-Ausstellung aufgenommen wurde. Im Hintergrund ein Löschgruppenfahrzeug LF 16. Foto: Sachsenring

Horch H 3/H 3A

arbeitet nach dem Wirbelkammerprinzip, die Zylinder sind paarweise zusammengefasst, die Kurbelwelle ist dreifach gelagert. Fünfganggetriebe und Lenkung stammen von Horch, beim Fahrgestell kann man auf den H 3 zurückgreifen. Die Gestaltung von Kabine und Haube wirkt sehr harmonisch, eine gekonnte Abstimmung von kantigen und abgerundeten Linien ohne modeorientierte Zutaten. Die Kabine ist ein Holzgerippe, mit Blech beplankt. Die 80 PS geben dem Dreitonner ausreichend Kraft, seine Strapazierfähigkeit macht ihn attraktiv auch für Exportmärkte, meist in Übersee.

Der H 3A bewährt sich von Anfang an und begründet den guten Ruf von Lastwagen aus der DDR zu dieser Zeit. Wegen vieler Alltagsprobleme im Komponentenbezug verzögert sich allerdings der Produktionsstart, von der Vorstellung des Prototypen auf der Leipziger Frühjahrsmesse 1949 dauert es noch eineinhalb Jahre bis zur Nullserie. Zunächst gibt es den H 3A nur als Fahrgestell mit fester Pritsche, später auch mit Kofferaufbau, es folgen Kipper mit Aufbauten der seinerzeit noch selbständigen Firma Hunger. Als erste Modellvariante ab Werk kommt 1952 die Zugmaschine in kurzem Radstand hinzu. 1952 wird die Nutzlast auf 3,5 Tonnen erhöht. Der Export nach China verlangt eine Kohlegasanlage, der in afrikanische Staaten eine Tropenausrüstung, der heimische Markt schließlich einen verlängerten Radstand, der erst 1956 umgesetzt wird. Weiterentwicklungen betreffen das Getriebe, außerdem wird auf Wunsch das des größeren H 6 aus Werdau eingebaut. So spielt das Werk seinen Baukasten aus, es kann aber nicht verhindern, dass der H 3A mit seiner relativ geringen Nutzlast bei hohem Eigengewicht allmählich nicht mehr den Anforderungen zumindest der Exportländer genügt.

Als im Jahre 1958 der weiter entwickelte S 4000 auf den Markt kommt – Hersteller Horch war wegen des bevorstehenden Produktionsanlaufs des Kleinwagens Trabant mit Audi zum VEB Sachsenring vereint –, liegt die Blüte der Baureihe bereits zurück. Aber der Lastwagen aus Zwickau hat nun vier Tonnen Nutzlast, den längeren Radstand als Serie, ist optisch dezent aufgefrischt, die Geräuschdämmung des Fahrerhauses zeigt sich stark verbessert und dem Fahrpersonal ist mehr Bequemlichkeit vergönnt. Das nun vollsynchronisierte Getriebe, Verbesserungen am Motor und eine erhöhte Anhängelast machen schon bald aus dem S 4000 den S 4000-1, als weitere Variante erscheint ein Fahrgestell als Tiefrahmen für Möbeltransport- und Viehtransportaufbauten.

So verlässt der S 4000-1 mit dem Sachsenring-Zeichen im Rahmen der Umstrukturierung in der Nutzfahrzeugindustrie der DDR 1959 den Standort Zwickau, übersiedelt ins nahe Werdau und trägt fortan das

Eine wichtige Nische füllte die Zugmaschine der Baureihe – mit ihr ließen sich ein Zuggesamtgewicht von 14,4 Tonnen erzielen und größere Lastzüge ersetzen. Das Bild stammt aus einem Verkaufsprospekt aus Werdau.

Die S 4000 erweisen sich als sehr robust, einige, meist von Privatbetrieben eingesetzt, überdauern sogar die DDR. Dieser Kohlentransporter ist in den Wendemonaten unterwegs. Die bald einsetzende Modernisierung der Hausheizungen dürfte das Geschäft schnell gestoppt haben.
Foto: Automobilarchiv Martin Schupp

Zeichen dieses traditionsreichen Nutzfahrzeugwerkes. In der DDR muss die Baureihe noch bis 1967 durchhalten, als endlich der Nachfolger W 50, in Ideen schon in Zwickau begonnen, den guten alten Hauber ablöst. Für viele Jahre ist der S 4000 in der DDR nahezu für alles zuständig, zahlreiche Aufbauten sind montiert: für die Abfallsammlung, Straßenreinigung, fünf verschiedene Feuerwehraufbauten, und zum Fäkalientransport. Außer der klassischen Pritsche gab es den Dreiseitenkipper und die Pritsche mit einer frühen Ladebordwand, ergänzend daneben die Zugmaschine und das Tiefrahmenfahrgestell für den Viehtransport.

Insgesamt brachte es die Baureihe auf 55.734 Einheiten in knapp 17 Jahren Bauzeit – keine rekordverdächtige Zahl, aber groß genug, um in der Lkw-Szene bis heute unvergessen zu bleiben.

H 3A (1950 – 1959)/S 4000 u. S 4000-1 (1958 – 1967)

Antrieb	Vierzylinder-Reihenmotor, Diesel (Wirbelkammerverfahren), 80 PS, Hubraum: 6024 cm^3, Wasserkühlung, 5-Gang-Getriebe/S 4000: 90 PS
Fahrgestell	Leiterrahmen aus Längsträgern in Fischbauchprofil, vier Querträger, vorn Faustachse, hinten Starrachse, Blattfedern vorn und hinten
Gewichte	Fahrzeug (Fahrgestell mit fester Pritsche): 3,3 Tonnen, zul. Gesamtgewicht: 6,3 Tonnen (ab 1952 6,8 Tonnen)/ S 4000: 4,1 Tonnen, 8,1 Tonnen. Zuggewicht: 10,3 Tonnen (S 4000: 12,1 Tonnen u. 12,6 Tonnen); Zugmaschine Z: 2,95 Tonnen, 5,45 Tonnen, Zugesamtgewicht: 14,5 Tonnen

IFA G 5

Als drittes großes Projekt im Lkw-Bau der DDR in den frühen 1950er Jahren neben dem H 3A und dem H 6 forcieren die Planungsbehörden parallel den geländegängigen Dreiachser G 5. Vom zentralen und den Herstellern gegenüber weisungsbefugten Forschungs- und Entwicklungszentrum (FEW) in Karl-Marx-Stadt initiiert und entworfen, soll dieser Lastwagen vorrangig militärischen Zwecken dienen, wird aber auch für zivile Zwecke konzipiert, etwa für den Baustellenverkehr, als Werkstattwagen und auch mit Tankaufbauten. Die Produktion ab dem Jahre 1953 wird dem Werk in Werdau zugewiesen, wo man zur selben Zeit mit dem Serienanlauf des H 6 beschäftigt ist. Der G 5 entsteht auf demselben Band, so dass beide Typen in ganz ähnlichen Schritten weiter entwickelt werden.

Vom H 6 stammen der Motor und Komponenten des Fahrgestells. Völlig neu ist der Allradantrieb, die Entwicklung des Verteilergetriebes stellt die größte Herausforderung bei diesem Projekt dar. Jede der beiden Hinterachsen verfügt über eine eigene Antriebswelle, der Vorderradantrieb bleibt bei der Straßenfahrt abgeschaltet. Die Ziffer in der Typbezeichnung gibt die maximale Nutzlast von fünf Tonnen an, gültig für die Straße. Im Gelände ist sie auf 3,5 Tonnen beschränkt. Die Kabine ist zweckorientiert gestaltet mit der stark nach vorn abfallenden Motorhaube als typisches Kennzeichen.

Als ab 1956 der Bedarf der kasernierten Volkspolizei und der frisch gründeten Nationalen Volksarmee (NVA) weitgehend gedeckt ist, rollt

IFA G 5 (1952 – 1964)

Antrieb	Sechszylinder-Reihenmotor, Diesel, Wirbelkammerverfahren, 120 PS, Hubraum: 9036 cm³ (ab 1957: 9840 cm³), Wasserkühlung, Allradantrieb 6 x 6, 5-Gang-Getriebe, Geländeuntersetzung
Fahrgestell	Leiterrahmen in U-Profilen, Starrachsen vorn und hinten, Blattfedern vorn und hinten
Gewichte	Fahrzeug: 7,85 Tonnen, zul. Gesamtgewicht: 12,85 Tonnen (Nutzlast im Gelände: 3,5 Tonnen)

Auf zivilem Sektor vorrangig ein Baustellenfahrzeug: G 5 mit Allradantrieb und zwei Hinterachsen, hier in einer Prospektabbildung aus dem Hause der um 1957 noch nicht vollständig verstaatlichten Firma Hunger, die die Kippaufbauten herstellte.

der G 5 auch in der Bauwirtschaft. Auf Großbaustellen ist er wegen seiner Geländegängigkeit sehr gefragt – weniger wegen seiner Nutzlast, die eigentlich zu niedrig ist für einen effektiven Einsatz. Wie S 4000 und H 6 haben die G 5 ein langes Leben auf Baustellen, im Winterdienst und bei der Feuerwehr – und natürlich bei der NVA, bei den Betriebskampfgruppen und der Volkspolizei. Wegen dieser Abnehmer läuft er auch drei Jahre länger vom Band als der H 6. Erst 1964 ist nach 10.000 Einheiten auch für den G 5 Schluss.

IFA H 6

Wie schon beim H 3 geht es schnell mit der Entwicklung des dringend benötigten schweren Lastwagens aus heimischer Produktion. Auch hier greifen die Entwickler der Horch-Werke auf die Erfahrungen leitender Vomag-Mitarbeiter zurück und forcieren ab 1948 die Arbeiten an dem neuen Projekt. Vorgestellt wird es auf der Leipziger Frühjahrsmesse 1951, in Serie geht der H 6 ein Jahr später. Der Sechszylinder-Motor stellt eine Erweiterung des für den H 3 konzipierten Vierzylinders dar, das Fahrgestell baut auf Vomag-Technik auf und die Kabine ist der des H 3 angepasst, wiederum eine mit Blech beplankte Holzkonstruktion. In der breiten Version und mit der längeren Motorhaube wirkt das Fahrerhaus noch eindrucksvoller als das des H 3A und prägt in der DDR das Bild des großen Haubenlastwagens nachhaltig.

Gebraucht wird der H 6 vor allem für den internationalen Fernverkehr und den schweren Baustellenbetrieb,

sechs Tonnen Nutzlast des Fahrgestells mit fester Pritsche und ein Zuggesamtgewicht von 24 Tonnen entsprechen durchaus den aktuellen Anforderungen. Allerdings wird der H 6 im Laufe der bis 1959 währenden Bauzeit den Anschluss nach und nach verlieren, ist doch da bei der Konkurrenz eine Nutzlast von mehr als acht Tonnen schon verwirklicht. Pritschenwagen, Dreiseitenkipper und die Zugmaschine bilden das Programm. Eine verlängerte Fernverkehrskabine, wie sie sich zu jener Zeit international durchsetzt, erhält der H 6 ab Werk nie.

Der H 6 stammt in seiner Entwicklung noch aus Zwickau, das H in der Typbezeichnung für Horch bleibt ihm deshalb auch erhalten. Gebaut wird er aber aus Kapazitätsgründen im nicht weit von Zwickau gelegenen Werdau in einem Betriebsteil des früheren Aufbautenherstellers Schumann, der sich auch mit Omnibuskonstruktionen einen Namen gemacht hat. Im Zuge dieser Umstrukturierung wird die Motorenfertigung nach Schönebeck an der Elbe verlagert. Die 120 PS des Sechszylinders sind knapp bemessen, deshalb führt das Werk 1957 durch Hubraumvergrößerung eine Steigerung um 30 PS ein. Dabei hat man auch eine höhere Nutzlast im Sinn, um den H 6 konkurrenzfähig zu halten, dazu kommt es allerdings nicht mehr. Später laufen etliche H 6 sogar mit einer 190 PS starken Maschine – eingebaut im Zuge der üblichen Grundüberholungen, die bei der langen Laufzeit der Lkw in der DDR notwendig waren. Der H 6 hingegen bleibt auf dem Stand von 1957 und hat nach dem Beschluss der RGW-Länder, schwere Lastwagen außerhalb der Sowjetunion nur noch in der Tschechoslowakei zu bauen, erst recht keine Chance mehr. Zudem muss der H 6 dem S 4000 weichen, dessen Fertigung nun ebenfalls von Zwickau nach Werdau verlagert wird. 7376 Einheiten entstehen in siebenjähriger Bauzeit, von denen die Hälfte exportiert wird, die meisten davon nach China. Dank ihrer Robustheit erleben zahlreiche Exemplare noch das Ende der DDR 1989, vor allem als Baustellenkipper im Anhängerbetrieb, oft in Hand privater Spediteure. Heute ziehen restaurierte H 6-Exemplare auf jedem Oldtimertreffen die Blicke auf sich.

Der Lastzug für lange Strecken, das war die Rolle des H 6 aus Werdau. Hier ein Exemplar der berühmten Wernesgrüner Brauerei, bestückt mit Biertanks zur Belieferung von Großabnehmern. ***Foto: Archiv Historischer Kraftverkehr***

IFA H 6 (1952 – 1959)

Antrieb	Sechszylinder-Reihenmotor, Diesel, Wirbelkammerverfahren, 120 PS (ab 1957: 150 PS), Hubraum: 9036 cm³ (9840 cm³), Wasserkühlung, 5-Gang-Getriebe
Fahrgestell	Leiterrahmen in U-Profilen, Starrachsen vorn und hinten, Blattfedern vorn und hinten
Gewichte	Fahrzeug (Fahrgestell mit fester Pritsche): 6,65 Tonnen, zul. Gesamtgewicht: 13,5 Tonnen, Zuggewicht: 24 Tonnen

Lastzug mit IFA W 50 als Zugfahrzeug – die Kastenaufbauten aus gerippptem Blech sind sehr einfach gehalten und der W 50 durch langen Einsatz auf schlechten Straßen bereits strapaziert. *Foto: Matthias Röcke*

Im Prinzip ist der Lastwagen W 50 genau richtig für die Bedürfnisse der Wirtschaft, des Transportgewerbes und der Landwirtschaft in der DDR. Relativ einfach im technischen Aufbau und damit in hoher Stückzahl rationell produzierbar, für das Erscheinungsjahr 1965 durchaus modern und vor allem durch Aufbauten anwendbar auf im Wortsinn zahlreiche Einsatzzwecke – das ist der IFA W 50 in 25 Jahren DDR. Seine Nachteile gehören auch dazu, obwohl sie der Konstruktion an sich gar nicht vorzuwerfen sind: Die Nutzlast von fünf Tonnen genügt den Ansprüchen des Gütertransports auf der Straße von Anfang an nicht, auch weil es an größeren Lastwagen in ausreichender Zahl fehlt. Für landwirtschaftliche und militärische Zwecke ist die Größe genau richtig. Schließlich bleibt als weiteres Manko die Weiterentwicklung marginal, so dass der W 50 wie die Personenwagen Trabant und Wartburg zum Ende der DDR zum Sinnbild technischer Rückständigkeit geworden ist.

Das W in der Typbezeichnung steht für Werdau, den Standort der Entwicklung des Lkw. Mit der Verlegung der Lkw-Produktion in das neu errichte Werk in Ludwigsfelde – dort sind seit 1952 Maschinen und Fahrzeuge verschiedener Art hergestellt worden – wird nicht nur ein neuer Grundtyp eingeführt, sondern auch die Möglichkeit größerer Stückzahlen verwirklicht. Die Eckdaten der Entwicklung nehmen Rücksicht auf die Bedürfnisse der Landwirtschaft in der DDR. Die frisch eingerichteten, weiträumigen Produktionsgenossenschaften verlangen wendige und geländegängige Lastwagen für den Ernteeinsatz und andere Transportaufgaben.

Fünf Tonnen Nutzlast (im Gelände vier), ein solider, verwindungsfreudiger Leiterrahmen und somit die Möglichkeit guter Allradeigenschaften, Raum sparende Frontlenkerbauweise und gegenüber dem Vorgänger S 4000 verbesserter Komfort im Fahrerhaus sind die grundlegenden Pluspunkte des W 50, ebenso seine Zuverlässigkeit und Strapazierfähigkeit. Zunächst muss er mit dem bekannten Wirbelkammermotor

Oben: Viel genutzte Varianten des DDR-Klassikers W 50: Pritschenwagen im kurzen Radstand, rechts mit verlängerter Ladefläche. Das Bild stammt aus dem Verkaufsprospekt, das es zu jeder Spezifikation gab.

Unten: Oft über erlaubte Grenzen beladen waren die W 50 unterwegs. Diese Zugmaschine in Hildburghausen in Thüringen müht sich mit Holzstämmen ab. Foto: Matthias Röcke

Ost-Kombination in den Monaten nach der Wende: Der W 50 trägt einen Streuautomaten, den Hersteller Epoke samt Schneepflug auf die in den neuen Bundesländern noch weit verbreiteten IFA-Fahrzeuge abgestimmt hat. Foto: Epoke

Winterdienst
epoke
epoke

Allzweck-Lastwagen W 50: Selbst mit einem unrationell kleinen Abfallsammelaufbau wurde er versehen. Das Foto entstand in den ersten Nachwendemonaten, wie die „Schlemmerpfanne" belegt.
Foto: Gerlach Fronemann

des S 4000 mit jetzt 110 PS auskommen, ab 1967 steht das endgültige W-50-Triebwerk zur Verfügung, nämlich dieselbe Maschine mit Direkteinspritzung und dem Mittenkugelbrennverfahren nach einer (seinerzeit von sehr vielen Herstellern genutzten) Lizenz von MAN aus der Bundesrepublik. Er leistet 125 PS – mit dieser Zahl muss der W 50 bis in das Jahr 1990 leben. Der Motor sitzt auf der Vorderachse, so dass in der Kabine nur zwei Plätze bleiben und der Aufstieg direkt über den Vorderrädern liegt. Zugänglich ist der Motor über die vordere Wartungsklappe und über die Motorabdeckung in der Kabine. Die Gestaltung der Kabine – der Frontlenker ist fast ein Kurzhauber – ist gewöhnungsbedürftig und damit auch charakteristisch; ein W 50 wird auch aus großer Entfernung sofort erkannt …

Der Pritschenwagen in langer Ausführung macht 1965 den Anfang, nach Ausbau des Programms sind es nicht weniger als 60 Varianten. Dafür genügen zwei Radstände, der kürzere von 3200 Millimetern dient sowohl der kurzen Pritsche wie dem Kipper, der Straßenzugmaschine und der Sattelzugmaschine. Die lange Pritsche und Kofferaufbauten hinter verlängerten Kabinen (Fernverkehrsausführung, Bautruppkabine und Truppkabine für die Feuerwehr) erhalten den Radstand von 3700 Millimetern. Eine große Rolle spielen die W 50 mit Allradantrieb, sowohl für die Armee wie für die Landwirtschaft und den Export in Entwicklungsländer (dort natürlich auch für beide Zwecke). Der Allradantrieb ist permanent, an der Vorderachse sind Trieb- und Tragachse getrennt.

Rund 25.000 produzierte Einheiten im Jahr sind eine respektable Zahl, obwohl das für den Binnenmarkt verbleibende Kontingent zu keiner Zeit den Bedarf deckt. Ausgesprochen bescheiden nimmt sich dagegen die Liste der Weiterentwicklungen aus. Handbremse, Lenkung, überarbeitete Bremsanlage mit Bremsventil zur lastabhängigen Verzögerung, mehr ist es kaum in 25 Jahren. Die Optik bleibt gänzlich unangetastet.

Wo es keinen Ersatz gibt, muss das Alte eben immer weiter durchhalten – an zahllosen IFA W 50 ließ sich dieses Motto in der DDR gut erkennen: Die beiden Speditionspritschenfahrzeuge haben unter diesen Umständen ihre besten Zeiten schon lange hinter sich.
Automobilarchiv Martin Schupp

IFA W 50 (1965 – 1990)

Antrieb	Vierzylinder-Reihenmotor, Diesel, Wirbelkammerverfahren (ab 1967: Direkteinspritzung), 110 PS (125 PS), Hubraum: 6560 cm³, 5-Gang-Getriebe
Fahrgestell	Leiterrahmen, genietete Querträger, Starrachsen vorn und hinten, Blattfedern vorn und hinten, bei Allradantrieb vordere Achse in Trieb- und Tragachse geteilt
Gewichte	Fahrzeug (Fahrgestell mit langer Pritsche): 4,58 Tonnen, zul. Gesamtgewicht: 9,8 Tonnen, Zuggesamtgewicht: 18,8 Tonnen

IFA W 50

2

3

1
Bei der Endmontage

2,3
Fließbandfertigung des Fahrerhauses

4
Auf dem Versandplatz in Ludwigsfelde

5
3 W 50 Kraftfahrdrehleitern für 1+5 Personen, versandfertig für Kairo

4

5

2

Besuch in den IFA-Automobilwerken Ludwigsfelde

1

IFA L 60

Mehr PS, mehr Durchzugskraft und auch sonst neu – bis auf die Kabine: Unter diesen Vorzeichen trat der IFA L 60 für eine kurze Zeitspanne an. Das Bild wurde in den Monaten nach der Wende aufgenommen.

Foto: Automobilarchiv Martin Schupp

Wenn der Anbieter eines neuen Lastwagens bei der Premiere immer wieder betonen muss, dass alles neu ist an dem jüngsten Spross, stimmt irgendetwas nicht. Beim IFA L 60 ist das der Fall, als er 1986 antritt, den W 50 abzulösen. Bei einem Unternehmen in der Marktwirtschaft hätte man von schlechtem Marketing gesprochen, ein in nahezu allen Baugruppen völlig neu konstruiertes Fahrzeug mit einem mehr als 20 Jahre alten Fahrerhaus zu versehen. In der sozialistischen Planwirtschaft nimmt man es Achseln zuckend hin, weil es eben anders nicht geht. So gerät der L 60 – das L steht natürlich für den Herstellerstandort Ludwigsfelde – in den Ruf, eine halbherzige Auffrischung des ewigen W 50 zu sein. Zu Unrecht.

Von den permanenten Entwicklungsarbeiten über rund 15 Jahre ohne sichtbares Ergebnis sind nach dem Ende der Prototypen mit neuer Kabine Anfang der 1980er Jahre immerhin ein neuer Motor, ein in seinen Funktionen erweitertes Getriebe, Antriebsachsen mit Planetengetriebe, das neu konzipierte Fahrgestell und das kippbare Fahrerhaus fertig geworden, außerdem eine verbesserte Ausstattung. Als Antrieb dient ein Sechszylinder-Reihendieselmotor mit Direkteinspritzung eigener Konstruktion. Seine 180 PS sollten eigentlich noch nicht das Ende des Wachstums sein, in Vorbereitung ist auch ein Motor mit Abgasturbolader, der aber nicht mehr realisiert wird. Das vom W 50 bekannte Getriebe arbeitet mit einer Nachschaltgruppe, so dass nun acht statt vier Vorwärtsgänge zur Verfügung stehen. Die Antriebsachsen haben jetzt Planetengetriebe (Kraftübertragung an den Rädern). Im Chassis bestehen die Längsträger aus U-Profilen, die Querträger sind zum Teil eingeschraubt – Maßnahmen, die vor allem einer rationellen Fertigung dienen. Bremsanlage (pneumatisch ansteuerbare Zweikreisbremse auch für den Anhänger) und Lenkung sind internationalen Bauvorschriften angepasst. Bis zu 1,5 Tonnen mehr

Nutzlast, etwas geringerer Verbrauch und eine viel bessere Durchzugskraft sind das Ergebnis im Vergleich zum W 50. Dessen Variantenvielfalt bei den Aufbauten bleibt als Vorzug natürlich bestehen.

In der DDR, wo zum Produktionsbeginn 1987 noch nichts von der bevorstehenden Wende zu spüren ist, nimmt man diesen Fortschritt beifällig auf. International hat das Werk mit dem L 60, den geplanten Turbomotor eingerechnet, in technischer Hinsicht den Anschluss an den üblichen Standard hergestellt. Kurios nimmt sich aber die Kabine im Stil der 1960er Jahre aus. Als optische Unterscheidung bieten sich die abgeänderte Wartungsklappe und die Frontscheibe ohne Steg an. Außerdem ist sie ein Stück nach vorn gerückt in ihrer Position über der Achse. Durch den niedriger bauenden Motor hält sie jetzt einen mittleren Sitzplatz vor. Schließlich ist sie kippbar und die Wartung damit erheblich vereinfacht.

Wegen Exportaufträgen in die Dritte Welt beginnt das Werk die neue Baureihe mit Allradfahrzeugen (die dann zum Teil trotzdem bei DDR-Betrieben landen), erst 1988 folgen die 4 x 2-Ausführungen, die Wirtschaft und Handel eigentlich am dringendsten brauchen. Allerdings läuft der W 50 bis 1989 parallel vom Band. Mit dem Ende der DDR ist nahezu schlagartig auch Schluss mit dem IFA-Werk in Ludwigsfelde. Rund 20.000 Einheiten des L 60 entstehen noch, nach Einführung der D-Mark werden die letzten Exemplare zu Niedrigpreisen ab 19.000 DM verschleudert (W 50 ab 15.000 DM) und der Versuch, den an sich modernen L 60 mit der aktuellen Kabine des Mercedes-Benz LN zu kombinieren, stößt auf kein Interesse am Markt. Der Daimler-Konzern steigt aber ins Boot und übernimmt das Werk in verkleinertem Umfang – bis heute kommen Nutzfahrzeuge aus Ludwigsfelde und zwar die Transporter der Baureihe Vario.

Viel versprechend als Idee, aber ohne Resonanz beim Publikum nach der Wende in der DDR: Der L 60 mit Mercedes-Kabine entstand als Prototyp im Juli 1990.
Foto: Mercedes-Benz

IFA L 60 (1986 – 1990)

Antrieb	Sechszylinder-Reihenmotor, Diesel, Direkteinspritzung, 180 PS, Hubraum: 9160 cm³, Wasserkühlung, 8-Gang-Getriebe (zwei Schaltgruppen)
Fahrgestell	Leiterrahmen, Längsträger in U-Profilen, Querträger geschraubt und genietet, Starrachsen vorn und hinten, Blattfedern vorn und hinten
Gewichte	Fahrzeuggewicht (Fahrgestell 4 x 2 mit Pritsche): 5,5 Tonnen, zul. Gesamtgewicht: 12,5 Tonnen, Zuggesamtgewicht: 24,5 Tonnen

Jelcz 315-317/325-327/415-620

Links: Eine Alternative zu den LIAZ-Lastzügen aus der Tschechoslowakei bildeten die Jelcz-Lkw aus Polen. In der Technik fußten sie zu einem guten Teil auf West-Lizenzen.
Foto: Gerlach Fronemann

Rechts: Die 400-Reihe sind die jüngeren Jelcz-Fahrzeuge, die in die DDR exportiert wurden und über die Wende hinaus im Einsatz blieben. Dieses Bild entstand in den Wendemonaten in Eisenach.
Foto: Matthias Röcke

Erst mit dem Schritt zum Komponentenbau kommt die polnische Nutzfahrzeugindustrie so richtig auf eigene Füße, wie das Beispiel von Jelcz zeigt. Der neu installierte Betrieb beginnt 1960 mit der Fertigung des komplett selbst entwickelten Typs Zubr A 80 h, steigt aber schon bald auf Lizenzen aus dem Westen um. Erster Lizenzgeber ist die britische Firma Leyland. Ihr erprobter Reihensechszylinder eröffnet dem polnischen Lkw ganz neue Perspektiven für den Export in sozialistische Staaten und in Entwicklungsländer. Auch andere Teile sind hinzugekauft oder entstehen in Lizenz wie etwa die Hinterachsen (Raba) und die Lenkung (Csepel). Der Leyland-Motor schafft besonders in der DDR Vertrauen in das ab 1968 importierte Fahrzeug, hat er sich doch in den Mitte der 1960er Jahre importierten Leyland Beaver gut bewährt. In einem Fahrbericht in der KFT wird neben dem Motor auch das ab dem zweiten Gang synchronisierte Getriebe gelobt. In die relativ kurz geschnittene Kabine ragt der stehende Motor bis zur Höhe der Frontscheibe hinein, eine unpraktische Angelegenheit, so die KFT: „Ungünstig erscheint, daß zu den täglich erforderlichen Wartungs- und Pflegearbeiten am Motor die Motorhaube und damit auch die Schlafliege hochgeklappt werden müssen." Für das Erscheinungsjahr 1968 ist die Optik des Fahrerhauses mit seinen kleinen Seitenfenstern und der geteilten Frontscheibe bereits veraltet, auch kommende Retuschen werden diesen Eindruck nicht abschwächen können.

Nachdem Sattelzugmaschine (Typ 317) sowie der zwei- (Typ 315) und sehr früh auch der dreiachsige Pritschenwagen (Typ 316) auf die Räder gestellt sind, ist es 1971 Zeit, die Kabine zu liften. Die Frontscheibe kommt ohne Steg aus und wird mehr an die Dachkante gezogen, Kühlgitter und Lampeneinheiten sind großzügiger gestaltet. Das muss halten bis zur nächsten Weiterentwicklung 1981. Erst jetzt greift das polnische Werk zum Mittel des Abgasturboladers, was bei den Typen 325 bis 327 die Leistung des ansonsten unveränderten Leyland-Motors auf 243 PS bringt; der schwächere Motor bleibt jedoch lieferbar. Inzwischen ist auch eine Lizenz mit Steyr in Österreich in Kraft, die Jelcz den Zugang zu deren Fahrgestellen und Hinterachsen verschafft, während Jelcz-Vorderachsen wiederum nach Österreich gehen. Das Getriebe für die erneuerten Lkw stammt im Ursprung von ZF aus der Bundesrepublik Deutschland – der Komponenten-Lkw gedeiht.

Derart aufgefrischt hat der Jelcz schon bald ein neues Fahrerhaus verdient. 1984 geht die Baureihe 400 bzw. 600 an den Start mit einer verlängerten, in der Breite unveränderten, aber glattflächig gestalteten Kabine, die zudem kippbar ausgeführt ist. Für Verteiler-Lastwagen und Baufahrzeuge folgt eine eigenständige kurze Kabine, wie es sie in der Baureihe zuvor nicht gegeben hat.

Neu sind auch die dreiachsige Sattelzugmaschine und der dreiachsige Bau-Lkw mit zwei angetriebenen Hinterachsen. Mit diesem Programm muss sich Jelcz ab 1990 den Anforderungen der geänderten wirtschaftlichen Verhältnisse stellen, in die DDR werden sie bis zu deren Ende exportiert. Bis Mitte der 1990er Jahre versucht es Jelcz mit Auffrischungen an der Kabine und dem Einbau von Steyr- sowie Detroit-Diesel-Motoren, einen echten Nachfolger finden die Komponenten-Lkw aber nicht mehr. Als Bushersteller überlebt die Marke aber und spielt heute auf dem polnischen Markt noch eine kleine Rolle.

Jelcz 315/316 (1962 – ca. 1984), 416/417 (1984 – ca. 1995)

Antrieb	Sechszylinder-Reihenmotor, Diesel, Direkteinspritzung (Lizenz Leyland), 200 (243) PS, Hubraum: 11.100 cm^3, 5-(6-)Gang-Getriebe
Fahrgestell	Leiterrahmen verschweißt, U-Profile, Starrachsen vorn (Faustachse) und hinten
Gewichte	315: Fahrzeuggewicht: 7,25 Tonnen, zul. Gesamtgewicht: 15,4 Tonnen, Zuggewicht: 25,4 Tonnen; 316: 8,7/17,7/36 Tonnen; 317: 6,25/15,4/36 Tonnen; 416 (Dreiachser): 9,23/20/23/36 Tonnen; 417 (Sattelzugmaschine zweiachsig): 6,25/15,25/32 Tonnen

Kamaz

Dreiachsige Sattelzugmaschine und ein robuster Auflieger – wie auf diesem Werbefoto der Handelsgesellschaft Autoexport liefen viele Kamaz auch in der DDR. Der Typ 5410 musste wie alle anderen Modelle dieser Zeit mit 219 PS auskommen.

Mit dem Kamaz aus der Sowjetunion begann eine neue Zeitrechnung im Nutzfahrzugbau der sozialistischen Staaten. Ein nagelneues Werk, ausgelegt auf sehr hohe Stückzahlen, sollte den chronischen Mangel an Transportkapazität in der riesigen Sowjetunion beheben und in den anderen Staaten mildern. Deshalb entstand ab 1969 am Fluss Kama in Tatarstan eine gigantische Produktionsstätte. Sechs Werke an einem Standort wurden aus dem Boden gestampft, was nachher zu einer Fertigungstiefe von 90 Prozent führen sollte: Motorenwerk, Werk für Rahmen und Pressteile, Gießerei, Schmiede, der Werkzeugbau und die Endmontage. Die Ausrüstung war auf dem letzten Stand der Automatisierung, unter anderem auch dank Lieferungen aus dem Westen, zum Beispiel von Renault, aus der Bundesrepublik Deutschland von Bosch und Liebherr. Fünf Jahre dauerte die Bauphase, bis 90.000 Menschen nach Erreichen der ersten Ausbaustufe pro Jahr 70.000 Lkw produzierten. Die geplante letzte Ausbaustufe von 150.000 Einheiten wurde zwar nie erreicht, in den besten Jahren unter Sowjet-Bedingungen waren es aber doch stolze 120.000 Lkw. Der millionste Kamaz lief 1988 von Band, zwölf Jahre später – Kamaz hatte den Einstieg in die Marktwirtschaft relativ sicher gemeistert – waren es 1,6 Millionen.

Das Lastwagenprogramm war gezielt abgestimmt auf die schwierigen Straßenverhältnisse des Heimatlandes und auf hohe Stückzahlen. Der Kabine

– sie hat bis heute Gültigkeit – sieht man an, dass es mehr um rationelle Fertigung als um attraktives Aussehen ging: Geteilte Frontscheibe, kleine Seitenfenster, plane Flächen und klare Kanten prägen das Bild. Für russische Verhältnisse einen technologischen Fortschritt stellte bereits die ausschließliche Verwendung von Dieselmotoren dar, waren doch bei anderen einheimischen Herstellern bis weit in die 1980er Jahre großvolumige Benzinmotoren die Regel. Bis in die 1990er Jahre diente der Kamaz-V8, ein Direkteinspritzer mit 219 PS aus 10.850 cm³ Hubraum, kombiniert mit einem Fünfganggetriebe mit Vorschaltgruppe, als Grundlage. Acht, zehn und zwölf Tonnen Nutzlast bildeten schon bald das Programm, Allradfahrzeuge in 6x6-Ausführung kamen schon sehr früh dazu. Den umfangreichen Baukasten bildeten vor allem unterschiedliche Radstände und Abstimmungen für spezielle Aufbauten.

In der DDR sind die Kamaz natürlich willkommen, nicht nur wegen des allgemeinen Mangels an Transportfahrzeugen. Die robuste Technik zeigt ihre Vorzüge auch auf den Straßen der DDR. Viele der ab 1978 in der Stückzahl von knapp 4000 eingeführten Kamaz werden in der Bauwirtschaft beim Transport von Baumaterialien und Erdaushub sowie in anderen Bereichen mit ungünstigen Wegeverhältnissen eingesetzt, oft in Form von Sattelzugmaschinen. Bevorzugt sind die dreiachsigen Ausführungen sowohl als Fahrgestell für Pritschenaufbauten oder Kippmulden wie auch als Sattelzugmaschine. In der Nutzlast liegt beispielsweise der dreiachsige Kipper mit seinen 13 Tonnen deutlich unter dem Roman (16 Tonnen), aber um eine Tonne besser als der optisch viel größer wirkende, sehr schwere Kraz.

Nur selten gelangten Kamaz-Lkw in den Westen. Dieser war im Frühjahr 1989 auch nur deshalb in die Bundesrepublik gekommen, um bei Faun für den Einsatz in der Sowjetunion einen Kanalreinigungsaufbau aufzunehmen. *Foto: Faun*

Kamaz 5320 u.a. (ab 1974)

Antrieb	V8-Dieselmotor, Direkteinspritzung, 219 PS, Hubraum: 10.850 cm³, wassergekühlt, Antriebsformel 6 x 4, 5-Gang-Getriebe mit Vorschaltgruppe
Fahrgestell	Leiterrahmen, Starrachsen vorn und hinten
Gewichte	Fahrzeuggewichte: 7 bis 9 Tonnen, Nutzlasten: 8 bis 13 Tonnen, zul. Gesamtgewichte: 15 bis 19 Tonnen (Sattelzug 35 Tonnen)

Kraz 250

Einen imposanten Eindruck macht die dreiachsige Sattelzugmaschine Kraz 258, hier unterwegs mit einem Siloauflieger in Suhl im Jahre 1988. Der lange Radstand lud zum Umbau zur Schwerlastzugmaschine ein. *Foto: Matthias Röcke*

Der Kraz aus der Ukraine ist unter den zivilen Lastkraftwagen aus der Sowjetunion wohl der einzige, der es in der DDR schon zu „Lebzeiten" zu einer gewissen Popularität gebracht hat. Sein kantiges Aussehen, seine guten Zugeigenschaften und die respektable Geräuschentwicklung ließen an Fahrzeugen interessierte Passanten gerne inne halten und die schweren Dreiachser bei ihrer Arbeit beobachten – ähnlich wie in der alten Bundesrepublik angesichts eines Krupp, Kaelble, Magirus oder Henschel. Der Kraz 256 B als Hinterkipper, meist mit Mulde versehen, und der Kraz 258 als Sattelzugmaschine und (nachträglich umgebaute) Schwerlastzugmaschine kamen zwischen 1967 bis 1989 in insgesamt 5700 Einheiten in der DDR zum Einsatz; für den Typ 257 mit fester Pritsche war hier kein echter Bedarf. Nicht wenige Kraz haben in den neuen Bundesländern zunächst im täglichen Einsatz und dann als Liebhaberfahrzeuge überlebt.

Innerhalb des sowjetischen Nutzfahrzeugbaus erhielt das ukrainische Werk in Kremetschug im Jahre 1958 den Zuschlag für den Bau dreiachsiger Lkw. Zum Start produzierte es die Dreiachser von YaMZ aus Jaroslav weiter, während dort das Fertigungszentrum für Dieselmotoren entstand. Die Baureihe 250 ist in den 1960er Jahren die erste eigenständige Entwicklung von Kraz. Statt auf den von YaMZ stammenden Zweitakt-Diesel setzt der Hersteller auf einen Viertakt-Diesel, einen Achtzylinder in V-Anordnung mit einer Leistung von 240 PS. Damit hat er ein für die Zeit modernes Triebwerk mit Direkteinspritzung, allerdings bleibt dem Motor die bei anderen Herstellern übliche Leistungssteigerung über Abgasturbolader verwehrt. Der Kraz bewältigt seine Aufgaben auch so, die zwei angetriebenen Hinterachsen und das hohe Gesamtgewicht von über 23 Tonnen garantieren eine gute Traktion. Zahlreiche Kraz werden für den Einsatz als Schwerlastzugmaschinen umgerüstet, der sehr große Radstand der serienmäßigen Sattelzugmaschine bietet gute Voraussetzungen für eine verlängerte Kabine und eine ausreichend große Ballastbrücke. Der ganz große Schwerverkehr lässt sich damit zwar nicht bewältigen, es reicht aber für den häufig anfallenden Transport von schweren Baumaschinen und Betonfertigteilen in der Nutzlast bis rund 60 Tonnen.

Weiterentwicklungen der Baureihe hat es praktisch nicht gegeben, nennenswert bleibt allenfalls, internationalen Bauvorschriften folgend, die Einführung eines zweiten Bremskreises im Jahre 1977. Dafür erschienen schon Ende 1968, genau ein Jahr nach dem Startschuss für den 250, erste Bilder des Nachfolgers 260. Geringeres Eigengewicht und ein modernisiertes Fahrerhaus stellten den Fortschritt dar. Der lässt dann wie üblich auf sich warten: Erst 1979 beginnt die Fertigung parallel zum 250. In die DDR gelangt der Typ 260 nie. Schon in sozialistischen Zeiten exportierte Kraz auch außerhalb der RGW-Staaten, nach Asien, Südamerika und Afrika. Ein westlicher Absatzmarkt hatte sich zudem für ein paar Jahre in Großbritannien ergeben. Heute ist Kraz mit seinen schweren Drei- und Vierachsern für spezielle Einsatzgebiete auf der Höhe der Zeit und operiert erfolgreich in vielen Ländern, die Ansprüche des westeuropäischen Marktes allerdings kann und will die Marke nicht erfüllen.

Als strapazierfähiger Kipper bewährte sich der schwere Kraz auch in der DDR – Überladungen haben ihm – wohl aber den Straßen – nicht viel ausgemacht. Hier eine Prospektseite.

Kraz 250

Antrieb	V8-Dieselmotor, Direkteinspritzung, 240 PS, Hubraum: 14.860 cm^3, Wasserkühlung, beide Hinterachsen angetrieben, 5-Gang-Getriebe
Fahrgestell	Leiterrahmen, Starrachsen vorn und hinten, Blattfedern
Gewichte	Hinterkipper mit Mulde: Fahrzeug: 11,4 Tonnen, zul. Gesamtgewicht 23,4 Tonnen, Zuggesamtgewicht (Sattelzugmaschine): 39,7 Tonnen

MAZ 205

Obwohl in der DDR niemand verwöhnt war, wenn es um den technischen Stand importierter Fahrzeuge ging, muss der MAZ 205 doch für Erstaunen gesorgt haben. 1961 begann der Import von rund 500 Einheiten als Hinterkipper, eingesetzt in der Bauwirtschaft. Da hatte der robuste Lastwagen mit sechs Tonnen Nutzlast in seiner sowjetischen Heimat als Modellreihe schon 13 Jahre hinter sich. Ungewöhnlich an diesem Fahrzeug ist außerdem sein Zweitakt-Dieselmotor, eine Technik, die im Nutzfahrzeugbau nur selten verwendet wird. Er stammt aus dem Motorenwerk Jaroslawl. Hier war 1933 der erste Dieselmotor aus russischer Entwicklung

entstanden, die Firma liefert unter dem Markennamen YaMZ bis heute eine breite Palette von Motoren für die Hersteller von Nutzfahrzeugen in Russland und den Nachbarstaaten. Als Zweitakt-Diesel ist der Motor mit Direkteinspritzung und Umkehrspülung ausgestattet. Offenbar hatten die russischen Konstrukteure die Direkteinspritzung im Griff, jedenfalls hat sich der MAZ 205 im harten Baustelleneinsatz bewährt. Die mitgelieferte, verschweißte Kipppritsche des in den frühen 1960er Jahren bereits altertümlich anmutenden Lastwagens war zusätzlich verstärkt.

Das Automobilwerk in Minsk in Weißrussland entstand 1944 aus einem Reparaturwerk heraus. Der MAZ 205 wurde zum wichtigen Aufbauhelfer in der Sowjetunion der Nachkriegszeit. Schon 1951 waren 25.000 Einheiten gebaut. Sattelzugmaschine und Pritschenwagen (Typ 200) gehören ebenfalls zum Programm. Außerdem befasst sich MAZ schon früh mit der Herstellung schwerer Muldenkipper, die später den Namen Belaz tragen.

Als Aufbauhelfer in der Sowjetunion und spät noch in die DDR gelangt: MAZ 205, hier als Typ 200 mit fester Pritsche. Eine technische Besonderheit ist sein Zweitakt-Diesel aus russischer Entwicklung.

MAZ 205 (1948 – 1965)

Antrieb	Vierzylinder-Reihenmotor, Zweitakt-Diesel, 120 PS, Hubraum: 4560 cm^3, 5-Gang-Getriebe
Fahrgestell	Leiterrahmen, Starrachsen vorn und hinten
Gewichte	Fahrzeug (Kipper): 6,6 Tonnen, zul. Gesamtgewicht: 12,825 Tonnen

MAZ 500

Sattelzugmaschine MAZ 504, ein auch in der DDR eingesetzter Typ. Dieses Foto stammt allerdings aus der Sowjetunion. Im Fernverkehr rollten die MAZ über Jahrzehnte im Auftrag der staatlichen Großspeditionen.
Foto: Max Chernjavski

Lange steht dieses Lkw-Gesicht in der DDR für den Lastwagen aus Russland schlechthin. Der MAZ 500 dient bis zum Auftreten der Kamaz-Fahrzeuge ab 1978 vorrangig den Speditionsbetrieben, aber auch der Bauwirtschaft als schwerer Lkw. Die wuchtige Erscheinung des MAZ macht ihn auch in westlichen Exportländern bekannt, denn die staatlichen Kraftverkehre der DDR und der Sowjetunion fahren ihn lange Zeit auch im grenzüberschreitenden Verkehr. In der Nutzlast bilden die MAZ eine Alternative zum in der DDR ebenfalls häufig eingesetzten Skoda LIAZ 706 RT.

Für MAZ aus Minsk in Weißrussland ist diese Baureihe der Einstieg in die Lkw-Großserienfertigung abseits von Speziallösungen für die Bauwirtschaft. Bei der Konstruktion des 1958 vorgestellten und ab 1965 (!) produzierten Typs 500 kann das Werk buchstäblich bei null anfangen und eine komplette Neuheit auf die Räder stellen. Die Motoren – ein V6 mit 180 und 200 PS und ein V8 mit 255 PS – stammen von YaMZ. Vergasermotoren wie andere Lkw-Hersteller muss MAZ nicht mehr einsetzen, man startet gleich mit Diesel-Aggregaten. Die Frontlenkerkabine in den rundlichen Formen ist bereits kippbar ausgeführt, damit liegt MAZ genau im internationalen Trend. Der Motor ist hinter der Vorderachse platziert und lässt somit ausreichend Platz für drei vordere Sitze. Zwei- und dreiachsige Pritschenfahrzeuge – der Dreiachser 516 hat eine liftbare Nachlaufachse –, zweiachsige Sattelzugmaschinen sowie ein kurzes Fahrgestell für Kipper und für Sonderaufbauten bilden das Programm, das aber nur ein Fahrerhaus, nämlich das lange, vorsieht. Die Variante für den Holztransport führt das Werk als eigenen Typ (509, als einziger mit Allradantrieb), ein Hinweis darauf, dass hier offenbar mit größeren Stückzahlen einem Mangel in der ganzen Sowjetunion abgeholfen werden sollte.

So aktuell sich der MAZ 500 bei seiner Premiere darstellt, so veraltet fährt er gegen Ende seiner bis 20-jährigen Bauzeit der Konkurrenz hinterher. Das Gesicht des russischen Lastwagens hat Falten bekommen, weil es fast keine Modellpflege gibt. Leichte Leistungssteigerungen der Motoren und als optische Retusche müssen im Jahre 1978 – in diesem Jahr kommen schon die ersten Modelle des Nachfolgers – die Verlegung der Scheinwerfer in die Stoßfänger und Veränderungen am Lufteinlass genügen. Und die Besatzung muss sich mit einem in den 1980er Jahren völlig veralteten, unkomfortablen und schlechte Sicht bietenden Fahrerhaus abfinden. Immerhin bewährt sich der MAZ 500 dank seiner Robustheit. In die DDR wird er bis 1984 geliefert.

MAZ 500 (1965 – 1985)

Antrieb	V6- bzw. V8-Dieselmotor, 180 bis 200 PS/255 PS, Hubraum: 11.150 bzw. 14.860 cm³, 5-Gang-Getriebe
Fahrgestell	Leiterrahmen aus U-Profilen in Längsrichtung, Starrachsen, Blattfedern
Maße	Fahrzeug: 6,65 Tonnen, zul. Gesamtgewicht: 15,65 Tonnen, Zuggewicht: 28,15 Tonnen; Dreiachser: 8,8 Tonnen/24,3 Tonnen/36,8 Tonnen

MAZ 600

DDR

In dreifacher Hinsicht gelingt es MAZ mit der Modellreihe 600, vorgestellt 1978 und produziert ab 1981, technischen Rückstand aufzuholen: Das neue Fahrerhaus ist gegenüber dem Vorgänger geräumiger und bietet auch bei Übersicht und Komfort bessere Bedingungen für die Besatzung, das Design wirkt weitaus gefälliger in seiner kubischen Form, wenn auch nach westlichen Maßstäben schon nicht mehr modern. Der von YaMZ neu entwickelte V6-Motor hat Abgasturboaufladung und stellt nun 293 PS zur Verfügung. Dazu passt das ebenfalls neue 8-Gang-Getriebe, der neue MAZ ist mit diesem Paket gerade für den Langstreckenverkehr weitaus besser gerüstet. Bei der Entwicklung bezog das Werk auch westliche Technik in Form von Lizenzen ein, so bei der Bremsanlage. Es ist eine vorsichtige Öffnung in Richtung Westen, der in den 1990er Jahren weitere folgen.

Hoch willkommen ist Mitte der 1980er Jahre in der DDR die dreiachsige Sattelzugmaschine MAZ 6422, mit ihren 293 PS geeignet für voll ausgelastete Sattelzüge im internationalen Verkehr. Hier eine Prospektabbildung.

Erstmals gehört auch eine dreiachsige Sattelzugmaschine zum Programm – ein Programm, das wie häufig bei sozialistischen Staatsbetrieben nur ganz langsam die Vorgängertypen ersetzt. An ihr hat der Staatshandel der DDR besonderes Interesse, soll sie doch nach und nach Importfahrzeuge aus dem Westen ersetzen. Ab 1985 gehört die Sattelzugmaschine zum Importprogramm. MAZ ist einer der sozialistischen Nutzfahrzeughersteller, die die gesellschaftliche Umwandlung überstehen. Die Baureihe 600 bildet die Basis für ein komplettes Programm der 1990er Jahre, eine viel beachtete Kooperation mit MAN hilft, technischen Rückstand nicht nur auf dem Motorensektor aufzuholen, was sich auf die gesamte Fertigung auswirkt. Es kommt sogar zu einer Kleinserie von MAZ-Sattelzugmaschinen mit MAN-Kabine und -Motor, die MAZ-MAN-Fahrzeuge. Die nächste Generation der Lastwagen aus dem inzwischen längst selbständigen Staat Weißrussland ist dann aber wieder eigenständig. Als „Perestroika-Konzept" geht der MAZ 5440 ab 1996 in die Geschichte von MAZ ein und ist wiederum der Grundstock für ein komplettes Programm, das einschließlich der Omnibusse im Jahre 2008 mehr als 500 Typen enthält.

MAZ 600 (1981 – 1996)

Antrieb	V6-Dieselmotor, Abgasturboaufladung, 293 PS, 14.860 cm^3, 8-Gang-Getriebe, beide Hinterachsen angetrieben
Fahrgestell	Leiterrahmen, Starrachsen vorn und hinten
Gewichte	Fahrzeug: 9,05 Tonnen, zul. Gesamtgewicht: 23,75 Tonnen, Zuggesamtgewicht: 42 Tonnen

Multicar

Das Erfolgsmodell: Der Multicar 25, im Jahre 1978 zu großen Teilen erneuert und in weit gesteckter Einsatzvielfalt in der ganzen DDR unterwegs.
Foto: VEB Fahrzeugwerk Waltershausen

Das haben weder Robur noch W 50 geschafft – wenn ein Nutzfahrzeug aus DDR-Produktion zum Kultauto geworden ist, dann der Multicar. Ähnlich dem Unimog oder einem weit verbreiteten Traktortyp in den alten Bundesländern genießt der Multicar als von privater Hand gehegtes und gelegentlich eingesetztes Nutzfahrzeug hohes Ansehen. Ihren guten Ruf hat gerade die ab 1978 gebaute Variante M 25 nicht nur ihrer Strapazierfähigkeit und Zuverlässigkeit zu verdanken, sondern auch ihrer Rolle als höchst willkommener Lückenbüßer in der Mangelwirtschaft der DDR. Obwohl der Multicar eher als Geräteträger für Kommunal- und andere Arbeiten gedacht war, kam er überall dort zum Zuge, wo es etwas zu transportieren gab. Ein Multicar mit laut durch die Schlaglöcher scheppernden Kleinanhänger gehörte zum Bild innerstädtischer Straßen. Zwar bietet die Ladefläche des Zugfahrzeugs wenig Platz, die Nutzlast von 2,5 Tonnen (Fahrgestell) lädt aber ein, mangels anderer verfügbarer Fahrzeuge schnell einmal einen Transport durchzuführen. Tatsächlich hat die Marke Multicar als einzige aus der DDR-Nutzfahrzeugproduktion das Ende der DDR überlebt und existiert bis heute.

Das seit 1920 bestehende Fahrzeugwerk Waltershausen in Thüringen ist hauptsächlich mit dem Bau von Anhängern befasst, als es 1956 die Produktion des Transportkarrens Dieselameise zugeteilt bekommt, der bis dahin in Ludwigsfelde gebaut wird. Es handelt sich um ein Fahrzeug für den innerbetrieblichen Transport, der Fahrer steht vorn, steuert Lenkung und Fahrgeschwindigkeit im Stehen per Fußpedal, hinter ihm sind der sechs PS starke Einzylinder-Dieselmotor und dann die Ladefläche angeordnet. In einem ersten großen Schritt der Weiterentwicklung verkleidet der neue Hersteller den Pedalbereich bis in Hüfthöhe des Fahrers und nennt sein Produkt ab 1960 Multicar 21. Die Erfolgsgeschichte des Multicar hat begonnen, die Entwickler in Waltershausen werten die einstige Dieselameise systematisch auf. Der 1964 eingeführte Multicar 22 hat eine komplette Karosserie mit einer einsitzigen Kabine, die Fußbedienung der Lenkung hat ausgedient. Vor allem aber arbeitet jetzt ein 13 PS starker Vierzylinder-Dieselmotor vom Motorenwerk in Cunewalde, der genug Kraft abgibt zum Antrieb von Nebenaggregaten. Das Werk beginnt zusammen mit Zulieferern eine Variantenvielfalt aufzubauen, die bald zum Markenzeichen wird und dem Produktnamen eines Autos für viele Einsatzzwecke alle Ehre macht.

Der nächste Schritt folgt 1974 mit dem Multicar 24. Der nun aus Cunewalde verfügbare Motor hat 45 PS, das neu entwickelte Fahrgestell kann höhere Lasten aufnehmen, die Karosserie wirkt sachlich modern. Dass es wieder nur zu einer einsitzigen – jetzt übrigens kippbaren – Kabine reicht, liegt in Sparvorgaben der Wirtschaftsplaner. Zunächst vergeblich fordert Waltershausen die Genehmigung für ein zweisitziges Fahrerhaus. Erst als ein Auftrag für Indonesien eine Kabine mit Rechtslenkung verlangt, geben die Planer nach. Damit ist vier Jahre nach dem M 24 der M 25 geboren, zusätzlich mit weiteren Verbesserungen angereichert wie einer

Unten: Modern im Erscheinungsbild, aber aus Gründen der Materialeinsparung immer noch mit einer einplätzigen Kabine versehen – so kommt der Multicar 24 auf den Markt.
Foto: VEB Fahrzeugwerk Waltershausen

Oben: Auf dem Weg zum vollwertigen Geräteträger und Transportfahrzeug: Der Multicar 22 aus dem Jahre 1964 hat einen stärkeren Motor und eine vollwertige Kabine.
Foto: VEB Fahrzeugwerk Waltershausen

Getriebeuntersetzung für Niedriggeschwindigkeiten, einem Chassis mit verlängertem Radstand für Transportaufgaben und dem Allradantrieb für den kommunalen Einsatz. 1988 gibt es ab Werk nicht weniger als 19 Varianten, vom einfachen Fahrgestell über die Langversion mit Allradantrieb bis zum Fahrgestell mit Teleskopmast und Arbeitskorb – kein Wunder, dass der Multicar mit so zahlreichen Einsatzfeldern bei allen DDR-Bürgern in bester Erinnerung bleibt.

Multicar 22 (1964 – 1974)

Antrieb	Vierzylinder-Reihenmotor, Diesel, Wirbelkammerverfahren, 13 PS, Hubraum: 800 cm^3, Luftkühlung, 4-Gang-Getriebe
Fahrgestell	Leiterrahmen, Starrachsen vorn und hinten, Blattfedern vorn und hinten
Maße	Fahrzeug: 1,32 Tonnen, zul. Gesamtgewicht: 3,22 Tonnen

Multicar 24/Multicar 25 (1974 – 1978/1978 – 1991)

Antrieb	Vierzylinder-Reihenmotor, Diesel, Wirbelkammerverfahren, 45 PS, Hubraum: 1996 cm^3, Wasserkühlung, 4-Gang-Getriebe
Fahrgestell	Leiterrahmen, Starrachsen vorn und hinten, Blattfedern vorn und hinten
Maße	Fahrzeug: 1,32/1,75 Tonnen, zul. Gesamtgewicht: 3,8/4,15 Tonnen

Robur Granit/Robur Garant

Der Garant als formschöner Kastenwagen im Stil der Busausführung. Die Aufbautenvielfalt war eine große Stärke des Zittauer Angebots. Foto: VEB Robur-Werke Zittau

Weitermachen mit den zuletzt in Kriegszeiten gebauten Modellen – diesen nach 1945 einzig möglichen Weg des Neuanfangs gehen auch die verbliebenen Mitarbeiter der früheren Gustav Hiller AG im sächsischen Zittau am Dreiländereck zu Polen und Tschechien.

Obwohl die Werksanlagen von der sowjetischen Besatzungsmacht bis auf die leeren Gebäude und das Reparaturwerk demontiert sind und ohne die in die Westzone geflüchteten Eigentümer macht sich die Belegschaft an die Arbeit, hält sich mit Reparaturaufträgen für die Rote Armee über Wasser und legt schließlich 1950 den Granit 27 auf. Die Firma ist inzwischen verstaatlicht und heißt VEB Phänomen Zittau. Im Jahre 1956 werden der Name „Robur" und die stilisierte Kurbelwelle als Markenzeichen eingeführt. Der Grund: Die Eigentümerfamilie hatte gegen die Verwendung des alten Begriffes „Phänomen" mit Erfolg geklagt.

Der kleine Haubenlastwagen mit 1,5 und dann zwei Tonnen Nutzlast wird dringend für den Wiederaufbau und die Versorgung in der DDR gebraucht. Wie der 1941 eingeführte Typ 1500 S hat er einen Vergasermotor mit einer Leistung von 50 PS. Die leicht abfallende, gerundete Motorhaube lässt ihn für die ansonsten von Provisorien geprägte Zeit relativ modern aussehen. Weiterentwicklungen der kommenden Jahre beziehen sich vor allem auf den Antrieb. Der Motorenbau ist ein Schwerpunkt in Zittau, unter anderem entstehen Stationärmotoren mit großem Volumen. Die Granit erhalten 1953 und 1954 ein völlig neues Diesel-Aggregat, das nach dem Wirbelkammerprinzip arbeitet, und ein stärkeren Vergasermotor mit nun 55 PS (Typ 30). 1956 wird die Leistung nochmals um fünf PS gesteigert. Gemeinsames Kennzeichen aller Phänomen-Motoren ist die Luftkühlung, eine Tradition des Hauses: Der erste deutsche Lastwagen mit Luftkühlung war 1927 ein Phänomen. Eine optische Auffrischung des Garant – nun doch in die Jahre gekommen – ist 1955 an der Reihe (Typ 32). Die sich abzeichnende Remilitarisierung auch der DDR weckt den Bedarf an Allradfahrzeugen, die das Zittauer Werk schon ab 1952 verwirklicht und für die auch die stärkeren Motorisierungen benötigt werden.

Im Straßenbild der frühen DDR ist der Robur allgegenwärtig. Das liegt nicht nur an den relativ hohen Stückzahlen von rund 6000 Einheiten im Jahr, sondern auch an der Variantenvielfalt. Robur-Fahrzeuge sind unterwegs als Kleinbus, Krankenwagen, Feuerwehrfahrzeug, mit Kofferaufbau oder als eleganter Kastenwagen (Fahrerhaus in das Aufbaudach integriert), als Abschleppwagen, Hubwagen oder Bestattungsfahrzeug und natürlich als Pritschenwagen und Kipper. Rund 70.000 Exemplare von Granit und Garant laufen in den elf Jahren vom Band, davon ab 1956 50.000 von den Garant-Typen.

Unten: Robur Garant in der motorisch weiter entwickelten und optisch aufgewerteten Form. Allradfahrzeuge wie diese gehörten schon beim Granit zum Fertigungsprogramm. Foto: VEB Robur-Werke Zittau

Neuanfang auf bewährter Basis: Der Robur Granit 27 ließ sich nach Kriegsende relativ schnell wieder auf die Räder stellen und leistete gute Dienste. Auch Varianten kamen bald zum Einsatz, hier ein Dreiseitenkipper. Foto: VEB Phänomen-Werk Zittau

Phänomen Granit/Robur Garant (1950 – 1961)

Antrieb:	Vierzylinder-Reihenmotor, Vergaser, 50 PS (ab 1953: 55 PS, ab 1956: 60 PS), Hubraum: 2875 cm^3 (ab 1953: 3000 cm^3), Luftkühlung. Ab 1953: Vierzylinder-Reihenmotor, Diesel, Wirbelkammerverfahren, 52 PS, Hubraum: 3181 cm^3, Luftkühlung, 4-Gang-Getriebe
Fahrgestell	Leiterrahmen aus Längsträgern im U-Profil und sechs Querträgern, Starrachsen vorn und hinten, Blattfedern vorn und hinten
Gewichte	Fahrzeug (Fahrgestell mit fester Pritsche): 2,07/2,17 (Diesel: 2,25) Tonnen, zul. Gesamtgewicht: 3,77/4,07 (Diesel: 4,39) Tonnen, ab 1956: 4,2 (Diesel: 4,42) Tonnen

Robur LO/LD 2500/3000

Der 1961 eingeführte neue Robur 2500, die folgerichtige Weiterentwicklung zum Frontlenker, hat einen Vorläufer, den das Werk bereits 1956 begonnen hat. Es ist die Neukonstruktion eines Busses mit 16 Fahrgastplätzen auf der Technik des Garant, ausgeführt als Frontlenker und um ein vollsynchronisiertes Fünfganggetriebe bereichert. Tatsächlich wird aus dem Projekt ab 1962 der neue Robur-Bus, im Entwurf liefert er das Fahrerhaus – nun ganz aus Stahl – des neuen Lastwagens gleich mit.

Optisches Kennzeichen des Robur 2500 ist sein fischmaulartiger Lufteinlass in der Front. Dies passt gut zu den rundlichen Formen der zeitge-

Robur LO 2500 mit dem charakteristischen Fischmaul. Der Verkaufswagen hatte wie einige andere Versionen ein in der Mitte angehobenes Dach, um dem Personal Stehhöhe zu ermöglichen. *Foto: VEB Robur-Werke Zittau*

mäß gestalteten Kabine, während die 1965 eingeführte, sachlichere Gestaltung des Frontmittelteils nicht so stark mit dem Gesamtbild harmoniert. Auf jeden Fall ist die Kabine geräumig – zumindest für den Fahrer und den ersten Beifahrer, die jeweils neben dem Motor sitzen. Tatsächlich spricht der Prospekt von einem dritten Sitzplatz. Der ist, erreichbar von rechts, hinter dem Motor in Querrichtung angeordnet, also eine Art Notsitz. Ein großes Plus der neuen Kabine stellt die großzügige Verglasung dar – dass die Frontscheibe einen Mittelsteg hat, stört 1961 nicht unbedingt.

Natürlich haben sich die Gestalter bei Robur nicht vorstellen können, dass ihr schickes neues Fahrerhaus 30 Jahre würde durchhalten müssen – das Werk steht zu diesem Zeitpunkt vor einer Reihe von durch die Wirtschaftsplanung angeordneten Geschehnissen, die es in seiner Entwicklung behindern. Zuordnung fachfremder Aufgaben, Umgruppierungen, Betriebserweiterungen – auf einmal hat Robur Nassveredelungsanlagen für die Textilindustrie herzustellen – und Neuordnung der Zuständigkeiten machten Betriebsleitung und Belegschaft zu schaffen. Größter Rückschlag für Robur war die von oben angeordnete Einstellung der Arbeiten an einem Nachfolger des 2500/3000 im Jahre 1980.

Zu den Ungereimtheiten in der Entwicklungsgeschichte von Robur gehört auch der vorübergehende

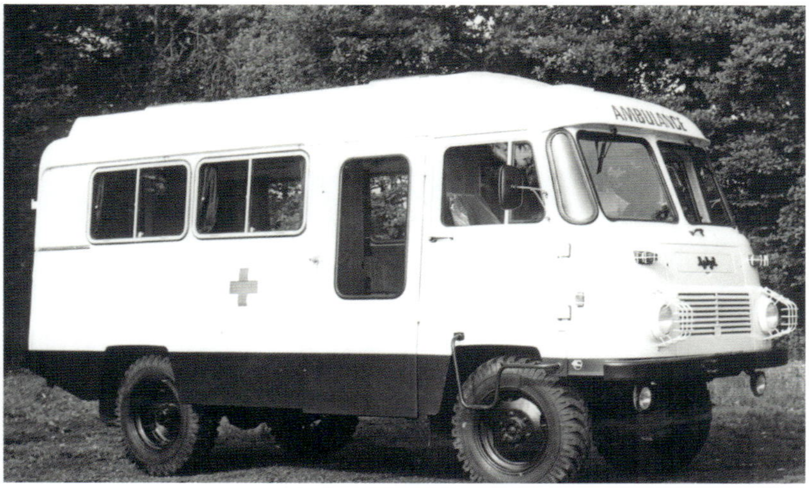

Eine Robur-Spezialität waren die allradangetrieben Fahrzeuge als einfache Busse oder Krankentransportwagen. Viele von ihnen gingen in den Export wie auch dieses mit englischer Aufschrift versehene Exemplar.

Foto: VEB Robur-Werke Zittau

Wegfall des Dieselmotors mit Einführung der neuen Reihe. Der bekannte Vergasermotor steht in einer Weiterentwicklung zur Verfügung, beim Diesel dauert es bis 1964. Als 1973 der Robur LO 3000 mit nunmehr 75 statt 70 PS startet, entfällt der Diesel erneut – bis zum LD 3000 im Jahre 1982. Dieser hat nicht etwa eine Neukonstruktion erhalten, sondern im Prinzip den neun Jahre zuvor aus dem Programm genommenen Motor! Das letzte Motorenkapitel von Robur fällt dann schon in die Zeit nach dem Ende der DDR. Um zu retten, was nicht zu retten ist, stellt Robur 1990 das Modell LD 3004 vor. Kernstück ist ein luftgekühlter Deutz-Diesel mit Direkteinspritzung. Genau 334 Exemplare – äußerlich

Robur LO und LD 2500/LO 2501 (1961 – 1973)

Antrieb	Vierzylinder-Reihenmotor, Vergaser, 70 PS, Hubraum: 3345 cm^3, Luftkühlung. Diesel 1964 – 1973: Vierzylinder-Reihenmotor, Diesel, Wirbelkammerverfahren, 70 PS, Hubraum: 3927 cm^3, Luftkühlung, 5-Gang-Getriebe
Fahrgestell	Leiterrahmen, Längsträger in U-Profilen, Rohrquerträger verschweißt, Starrachsen vorn und hinten, Blattfedern vorn und hinten
Gewichte	Fahrgestell mit fester Pritsche: Fahrzeug: 2,7 (Diesel: 2,9) Tonnen, zul. Gesamtgewicht: 5,2 (Diesel: 5,4) Tonnen

Robur LO und LD 3000/3001/3002 (1973 – 1990)

Antrieb	Vierzylinder-Reihenmotor, Vergaser, 75 PS, Hubraum: 3345 cm^3, Luftkühlung. Diesel 1982 – 1990: Vierzylinder-Reihenmotor, Diesel, Wirbelkammerverfahren, 68 PS, Hubraum: 3930 cm^3, Luftkühlung, 5-Gang-Getriebe
Fahrgestell	Leiterrahmen, Längsträger in U-Profilen, Rohrquerträger verschweißt, Starrachsen vorn und hinten, Blattfedern vorn und hinten
Gewichte	Fahrgestell mit fester Pritsche: Fahrzeug: 2,6 (Diesel: 2,9) Tonnen, zul. Gesamtgewicht: 5,7 (Diesel: 5,8) Tonnen

Robur LD 3004 (1990 – 1991)

Antrieb	Vierzylinder-Reihenmotor, Diesel, Direkteinspritzung, 73 PS, Hubraum: 4086 cm^3, 5-Gang-Getriebe
Fahrgestell	Leiterrahmen, Längsträger in U-Profilen, Rohrquerträger verschweißt, Starrachsen vorn und hinten, Blattfedern vorn und hinten
Gewichte	Fahrgestell mit fester Pritsche: Fahrzeug: 2,6 (Diesel: 2,9) Tonnen, zul. Gesamtgewicht: 5,7 (Diesel: 5,8) Tonnen

Vergeblich blieb in den Jahren 1990 und 1991 der Versuch, die technisch veralteten Robur-Lastwagen mit einem modernen Deutz-Motor noch einmal zu aktualisieren – dieses Bild stammt von der wohl letzten Werbeaktion in der Geschichte von Robur. Foto: Robur Werke GmbH

an der neu verkleideten Front und den neuen, die Scheinwerfer integrierenden Stoßfängern sowie in der Kabine an neuen Sitzen zu erkennen – werden gebaut, danach ist Schluss mit dem Fahrzeugbau in Zittau. Das Interesse auch und gerade bei der alten Kundschaft ist unter den neuen Verhältnissen völlig erloschen.

Zu DDR-Zeiten aber ist der Robur begehrt und erfolgreich. An der Variantenvielfalt, ermöglicht durch zahlreiche Zulieferer und Karosseriebaubetriebe, hat sich mit dem Übergang auf die neue Reihe nichts geändert. Ungewöhnlich wirkt der Zuschnitt des Kastenwagens mit dem schräg verlaufenden Heckabschluss. Die Bau- und Montagefahrzeuge erhalten eine Erhöhung in der Dachmitte, um Innenstehhöhe zu erreichen. Eine interessante Nische füllt das Werk mit seinen Allradmodellen (Allradantrieb zuschaltbar), die natürlich auf militärischen Wunsch hin entstehen und in diesem Umfeld auch exportiert werden. Es existieren in den 1980er Jahren auch zivile Versionen als einfacher Bus, Werkstattwagen oder Expeditionsfahrzeug. Das sind genau die Fahrzeugtypen, die nach dem Ende des Werkes – rund 180.000 Exemplare vom 2500/3000 werden insgesamt gebaut – bei Liebhabern hoch im Kurs stehen, während die Alltags-Robur noch die ganzen 1990er Jahre in den neuen Bundesländern als robuste und zuverlässige Fahrzeuge meist bei Kleinbetrieben laufen.

Roman

Dass ausgerechnet aus dem bis dato technisch rückständigen Rumänien in den späten 1970er Jahren Lastwagen westlichen Zuschnitts auf die Straßen der DDR kamen, dürfte Kenner der Materie verwundert und vielleicht auch verärgert haben, hatte doch die DDR im Zuge der wirtschaftlichen Zusammenarbeit mit den anderen sozialistischen Staaten die Entwicklung von Lkw dieser Größe aufgeben müssen. Nun gab es Roman-Fahrzeuge mit einer waschechten MAN-Kabine (die ursprünglich eine Entwicklung von Saviem in Frankreich war), Lizenzbauten von MAN-Motoren, ZF-Getrieben und anderen Komponenten. Das Werk Inteprinderea de Autocamione im rumänischen Brasov hatte sich von russischen Lizenzen (Karpati und Bucegi) und eigenen Weiterentwicklungen Ende der 1960er dem West-Partner zugewandt. Auf lange Sicht lief es hier erneut so ab, denn Roman baut noch heute teilweise nach MAN-Lizenzen und hält die alte MAN-Kabine am Leben. Bei dem 1969 vereinbarten Vertrag entsteht eine umfassende Lizenzfertigung in den Nutzlastklassen zwischen acht und 19 Tonnen.

Mit dem Komplettprogramm an zwei- und dreiachsigen Fahrgestellen sowie Sattelzugmaschinen deckt Roman den eigenen und den Exportbedarf ab. In die DDR gelangen vor allem dreiachsige Baufahrzeuge in der Antriebsformel 6x4 und Sattelzugmaschinen. Standard ist bei diesen Typen der ursprünglich von MAN stammende Reihensechszylinder mit 215 PS. In den letzten Jahren kommt auch der von Roman weiter entwickelte und per Abgasturbolader auf 256 PS gebrachte Motor ins Land. Bei einigen speziellen Anwendungen wie Tiefkühltransport oder Mineralölverteilung können die Betriebe mit den 38 Tonnen schweren Sattelzügen wesentlich rationeller operieren als mit den schwach motorisierten und deshalb nur mit kleinen Aufliegern bestückten IFA W 50. Und auf dem Bau agierten die Dreiachser wendiger und effektiver als die ähnlich großen Fahrzeuge von Kamaz. Das Roman-Fahrpersonal ist natürlich angetan von der Geräumigkeit, den Sichtverhältnissen und dem Komfort der legendären MAN-Kabine – der MAN F 8 begründete den guten Ruf der Stammmarke als „Fahrerauto“ und die VEB-Kraftfahrer konnten davon profitieren. Noch bis in das Jahr 1989 kommen Roman-Lieferungen in der DDR an. Gut ein Jahr später war Westtechnik auch bei Nutzfahrzeugen Standard, die Lizenz hatte ihre Bedeutung verloren.

West-Technik aus Rumänien: Die Roman-Lastwagen füllten in der schweren Klasse Nischen im Transportwesen der DDR und waren bei den Fahrern wegen der komfortablen Kabine sehr beliebt. Hier das Deckblatt eines Werkprospekts.

Roman 10.215/19.215 (19.256) (1969 – 1986)

Antrieb	Sechszylinder-Reihenmotor, Diesel, 215 PS (256 PS), Direkteinspritzung, Hubraum: 10.340 cm³, wassergekühlt, zwei Hinterachsen angetrieben, 5-Gang-Getriebe
Fahrgestell	Leiterrahmen in U-Profilen, Faustachse vorn, Starrachsen hinten
Gewichte	Fahrzeuggewicht Sattelzugmaschine: 6,5 Tonnen, Dreiachser: 10 Tonnen (Sattelzugmaschine: 8,6 Tonnen), Sattellast: 9,5 Tonnen/16 Tonnen (13,3 Tonnen), zul. Gesamtgewicht Sattelzug: 38 Tonnen/26 Tonnen (38 Tonnen)

Leipziger Herbstmesse 1977

VOM 4. BIS 11. SEPTEMBER

INDUSTRIEVERBAND FAHRZEUGBAU DER DDR IFA

Erzeugnisse
des Fahrzeugbaues der DDR
wiederum in Halle 11
und auf dem Freigelände 6.62 – 6.65

SIS 150

In mehreren Etappen vollzog sich der in Stückzahlen sehr bescheidene Import der SIS-Lkw aus der Sowjetunion in die DDR. Eigentlich gehörten sie zum Bestand der sowjetischen Armee und erhielten in der DDR zum Teil spezielle Aufbauten etwa für den Brandschutz. Nach und nach gelangten sie auch an sowjetische Einrichtungen außerhalb der Armee wie an den Uranbergbau in Aue und schließlich auch an die Feuerwehren der DDR. Auf dem SIS 150 entstand das erste genormte Tanklöschfahrzeug der DDR. Und weil Feuerwehrfahrzeuge lange einsatzfähig gehalten werden, gehört der SIS 150 (das zweite S in der Werksbezeichnung steht für Stalin, nach der Distanzierung der offiziellen Politik von dem Diktator ersetzt durch ein L für den langjährigen Werkleiter

Lichachov) trotz seiner geringen Verbreitung durchaus zum Bild in vielen Städten und Gemeinden in der DDR, wo sie noch in den 1960er Jahren zum Bestand gehörten und als Exoten manchen Festzug schmückten.

Der SIS 150 stammt aus dem Jahr 1946 und ist die erste Neuentwicklung des Werks nach dem Start 1934. Robust und schwer und wegen seines Vergasermotors sehr durstig bei 30 Litern auf 100 Kilometern, diese Merkmale aller Lastwagen aus der Sowjetunion jener Zeit trägt auch der SIS. Verbrauch und Tankvolumen sagen etwas aus über die damals aktuellen Transportwege: Mit einem vollen Tank kam man genau 300 Kilometer weit. Das Fahrerhaus ist für seine Zeit gekonnt gestaltet, die lange Motorhaube über dem Reihensechszylinder und die Kabine ergeben eine schwungvoll geformte Einheit.

Das Werk in Moskau hat die Tradition der mittelgroßen Lastwagen bis heute fortgesetzt und hält mit einem dicht gestaffelten Programm in diesem Bereich die Stellung in der freien Marktwirtschaft. Die weltweit bekannt gewordenen, in Kleinstückzahlen produzierten Pkw der Kategorie Staatskarosse wurde noch um 2005 im Produktkatalog gelistet.

Selbst dem Prospekt sieht man an, dass der SIS 150 in der Sowjetunion vor allem für militärische Zwecke eingesetzt wurde – und dass er für schlechte Wege geeignet ist.

SIS 150 (1946 – 1957)

Antrieb	Sechszylinder-Reihenmotor, Vergaser, 85 PS, Hubraum: 5550 cm^3, Wasserkühlung, 5-Gang-Getriebe
Fahrgestell	Leiterrahmen, Starrachsen vorn und hinten
Gewichte	Fahrzeug: 3,9 Tonnen, zul. Gesamtgewicht: 8,05 Tonnen (Fahrgestell mit Holzpritsche)

Skoda 706

Ein schon 1940 fertig gestellter schwerer Lastwagen in der Nutzlastklasse von rund acht Tonnen dient dem nach der Verstaatlichung umstrukturierten tschechischen Hersteller Skoda als Brücke in die neue Zeit. Der Skoda 706 gibt dabei mit seiner langen Haube ein stattliches Bild ab. Sie umhüllt einen stehend eingebauten, imposanten Reihensechszylinder. Der holt aus einem Hubraum von 11781 cm^3 die Leistung von 135 PS, was ihm, wie ein deutschsprachiger Prospekt der Exportgesellschaft Motokov verkündet, eine Durchschnittsgeschwindigkeit auf der Straße von 40 km/h ermöglicht. Das sind in den frühen 1950er Jahren durchaus konkurrenzfähige Werte. Zugänglich ist der Motor nur über zwei seitliche Klappen. Komplett nach oben zu öffnende Motorhauben („Alligatorhaube") setzen sich bei anderen Herstellern erst später durch, während Skoda selbst schon bald komplett auf Frontlenker umstellt.

Obwohl er auch für den Fernverkehr konzipiert ist, gibt es den Skoda 706 nur mit kurzem Fahrerhaus, auf dem Fahrgestell werden entweder eine feste Pritsche oder ein Kipper (Typ 706 RS) montiert. Außerdem dient das Fahrgestell auch dem Bus 706 RO. Als 706 R beginnt der Lastwagen 1949 seine Nachkriegskarriere, versehen mit einer auffälligen, am US-Stil orientierten Kühlermaske. Als 706 RS tritt er dann ab 1951 schlichter und überzeugender auf. Zwischen 1951 und 1956 gelangen 197 Einheiten in die DDR.

Willkommener Aufbauhelfer: In kleiner Stückzahl kommt der Skoda 706 R – hier eine Prospektabbildung – in der ersten Hälfte der 1950er Jahre auch in die DDR.

Daten Skoda 706 (1947 – 1956)

Antrieb	Sechszylinder-Reihenmotor, 135 PS, Hubraum: 11.781 cm^3, Wasserkühlung, 5-Gang-Getriebe
Fahrgestell	Leiterrahmen aus Stahlblechprofilen, Starrachsen vorn und hinten
Gewichte	Fahrzeuggewicht: 6,6 Tonnen, zul. Gesamtgewicht: 16,2 Tonnen, Zuggesamtgewicht: 28 Tonnen

Skoda LIAZ 706 RT

DDR

Der Skoda LIAZ 706 RT prägte das Straßenbild in der DDR wie kein anderer Importlastwagen. Der robuste Tscheche blieb über 30 Jahre im Programm, die Ablösung durch den neuen Typ zog sich rund zwölf Jahre hin. Foto: Gerlach Fronemann

Exakt auf der Höhe der Zeit befindet sich Skoda LIAZ, als der tschechoslowakische Staatsbetrieb im Jahre 1957 seine neue Lkw-Baureihe vorstellt. Der 705 RT ist wie fast alle Neuheiten seit etwa 1955 ein Frontlenker. Mehr und mehr geht es um die optimale Ausnutzung der Fahrzeuglänge und somit des Laderaums. Ganz konsequent auf die Frontlenkerbauweise ist der 706 RT allerdings noch nicht abgestimmt, denn der Motor steht hoch im Raum, es handelt sich wie bei vielen anderen Konstruktionen auch zunächst nur um einen mit der neuen Kabine voll verkleideten Haubenlastwagen.

Als der im Prinzip richtungweisende Frontlenker-Lastwagen erscheint, hat die Marke Skoda LIAZ bereits eine lange Geschichte von Zusammenführungen und Umstrukturierungen hinter sich. Die Wurzeln gehen zurück auf die Vorgängermarke von Skoda-Personenwagen Laurin & Klement (gegründet schon 1894) und die Reichenberger Automobilfabrik (RAF, gegründet 1908). Sie fusionierten bald und 1925 kam mit Skoda Pilzen ein weiterer Großbetrieb hinzu. Damit war die Marke Skoda geboren, während LIAZ (Liberecer Automobilwerk) seit der Verstaatlichung 1951 für die Reichenberger (Reichenberg heißt heute Liberec) Automobilfabrik steht. Mit dem 706 RT konzentriert sich die Lkw-Produktion wieder auf das Werk in Liberec, nachdem es zuvor einige Jahre zu Avia in eine 1919 gegründete frühere Flugzeugfabrik ausgelagert worden war.

In der Optik ist der Skoda LIAZ zeitgemäß gelungen. Gefühlvoll abgerundete Kanten und große Flächen lassen ihn modern auftreten. Die zweigeteilte Frontscheibe hat einen kleinen Panorama-Effekt und auch die Seitenfester sind großzügig bemessen. In der Länge und somit auch für die hinteren Sitze (keine Schlafliegen!)

Skoda LIAZ 706 RT

bleibt der Besatzung viel Platz, in der Breite behindert sie der sehr hoch bauende Motor. Dafür entsteht auf diese Weise eine tischgroße Fläche für Ablagen. Der 706 RT ist für den großen Fernverkehr konzipiert, was zu dieser Zeit für ein zweiachsiges Pritschenfahrzeug eine Nutzlast von 8,1 bis 10,1 Tonnen bedeutet.

Neben der Frontlenkerbauweise stellt der auf Direkteinspritzung umgestellte Motor den großen technischen Fortschritt der Baureihe dar. Mit 160 PS aus dem Hubraum von 11781 cm^3 beginnt er 1957 seine lange Karriere. Später wird die Leistung auf 210 PS erhöht, verwendet wird der Motor auch im Skoda-Bus 706 TR und anderen Fahrgestellen, wobei er dann nicht mehr nur stehend wie im Lkw 706 RT, sondern im Winkel oder liegend eingebaut werden kann. Drei verschiedene Radstände erlauben ein Programm für Sattelschlepper, Chassis für Kipper und Spezialaufbauten und den längeren Pritschenwagen. Anfänglich werden die Kipper mit dem Fernverkehrsfahrerhaus ausgestattet, später kommt eine kurze Kabine hinzu, ebenso wie eine verlängerte Truppkabine für die Feuerwehr mit (nur) zwei zusätzlichen Sitzen. Tanklöschfahrzeuge, Abfallsammelfahrzeuge und Wassersprengwagen sind weitere, auf vielen sozialistischen Straßen anzutreffende Sonderversionen auf dem 706-Chassis.

In die DDR kommt der 706 RT schon ab 1959. Nach und nach wird er zum Standardfahrzeug im Fernverkehr, auch im Westen. Dort gibt er zusammen mit den aus der Tschechoslowakei stammenden Zügen das Bild des „Ostlastwagens“ schlechthin ab, was auch an der langen Bauzeit und seiner hohen Strapazierfähigkeit liegt. Und an der mit zunehmender Bauzeit zu geringen Motorkraft, um im Verkehr auf westlichen Autobahnen mitzuhalten. Auch die 1975 neu eingeführte Baureihe 100 löst den 706 nicht ab, er bleibt noch lange im Programm, als zweiachsiger Kipper bis in die zweite Hälfte der 1980er Jahre. Da hat die Kabine rund 30 Jahre auf dem Buckel und gilt nur noch als Synonym für Technik von gestern. In der sozialistischen Wirtschaft hat das natürlich weniger gestört, da einfach jedes Fahrzeug gebraucht wurde.

1969 hat die Baureihe die einzige größere Weiterentwicklung erfahren. Als Typ MT hat er den stärkeren Motor und Außenplanetenhinterachsen, um mehr Bodenfreiheit im Baustellenverkehr zu erreichen. Schon sehr früh war die etwas barock wirkende Abdeckung der Wartungsklappe vorn durch eine nüchternere Gestaltung ersetzt worden. Ansonsten hat der Skoda 706 RT auch in dieser Beziehung Standvermögen bewiesen, er musste einfach durchhalten in den Mühsalen der sozialistischen Planwirtschaft.

Skoda LIAZ 706 RT/MT (1957 – 1987)

Antrieb	Sechszylinder-Reihenmotor, Diesel, 160 PS/210 PS, Direkteinspritzung, Hubraum:: 11781 cm^3, wassergekühlt, 5-Gang-Getriebe
Fahrgestell	Leiterrahmen, Starrachsen vorn und hinten; MT: Außenplanetenachsen hinten
Gewichte	Fahrzeuggewicht: Pritschenwagen: 6,75 Tonnen, Nutzlast: 10,2 Tonnen, zul. Gesamtgewicht: 17 Tonnen, Lastzug: 32 Tonnen

Skoda LIAZ 100

DDR

Bis in die letzten Tage der DDR wurde der LIAZ 150 aus der Tschechoslowakei importiert. Die Baureihe 100 hatte ihre Karriere bereits im Jahre 1975 mit den Fernverkehrsausführungen begonnen.
Foto: Gerlach Fronemann

Mit der Baureihe 100 kommt LIAZ im Jahre 1974 dem Wunsch seiner Großabnehmer in den sozialistischen Staaten nach einem moderneren und stärkeren Fahrzeug für den internationalen Fernverkehr nach. Der neue LIAZ trägt ein gegenüber dem 706 RT stark vergrößertes und mit gerundeten Formen aktuell gestaltetes Fahrerhaus, das außerdem eine viel bessere Sicht bietet. Die Platzverhältnisse gewinnen zusätzlich durch die geänderte Einbaulage des Motors, er ragt nun nicht wie ein Tisch in die Kabine und lässt sogar Platz für einen zweiten Beifahrersitz. Die bessere Motorisolierung mindert die Geräuschentwicklung und bei Heizung, Lüftung und Federungskomfort holen die Tschechen ebenfalls technischen Rückstand auf. Deutlich erstarkt ist der altbekannte Sechszylinder-Reihenmotor, ein Abgasturbolader lockt nun wahlweise 270 oder 300 PS aus dem Aggregat. Mit zum Konzept, wenn auch nicht sofort eingeführt, gehören die kippbare Kabine (Typ 110) und Luftfederung an der Hinterachse.

An eine schnelle Ablösung des Vorgängers ist mit der Premiere des 100 gar nicht gedacht, beide Baureihen laufen noch bis in die späten 1980er Jahre parallel vom Band. Jeweils zweiachsige Sattelzugmaschinen und Chassis für Pritschenwagen machen bei der Reihe 100 den Anfang, 1984 kommen dreiachsige Varianten (Typ 122) hinzu. Über einen neuen Abgasturbolader wächst die Motorleistung bald auf 351 PS. In den 1980er Jahren werden zweiachsige Baufahrzeuge mit einem kurzen Fahrerhaus eingeführt, lieferbar auch mit zuschaltbarem Allradantrieb (Typ 150). Mit einer Abwandlung davon wagt sich das Werk sogar in den kapitalistischen Truck-Rallye-Zirkus und belegt 1988 den zweiten Gesamtrang in der Lkw-Wertung der Rallye Paris-Dakar.

Ansonsten ist der Einsatz der robusten und auf schlechten Straßen bewährten LIAZ – ab 1984 entfällt der Zusatz Skoda im Markennamen – unspektakulär. In der DDR nutzt der VEB Kraftverkehr eine große Zahl solcher Zugfahrzeuge, auch in anderen Ländern sind sie zahlreich anzutreffen, in Bulgarien werden sie sogar, wie schon der Vorgänger, bei Madara montiert. Nach der politischen Wende in der Tschechoslowakei hat die Baureihe, immer wieder optisch aufgefrischt und motorisch aktualisiert, in der Marktwirtschaft mittelfristig keine Chance. Versuche, die geliftete LIAZ-Baureihe im vereinigten Deutschland anzubieten, haben wenig Erfolg, bis 1997 waren es exakt 510 Einheiten. Fast alle gehen in die neuen Bundesländer, wo die LIAZ-Fahrzeuge ein wenig vom guten Ruf der Strapazierfähigkeit profitieren können. Das 1992 privatisierte Werk verschwindet 2001 endgültig von der Bildfläche, das hatte auch die ungewöhnlich innovative Zugmaschine Typ 400 – später Xenia – aus dem Jahre 1996 nicht verhindern können. Insgesamt waren seit 1951 rund 440.000 LIAZ entstanden.

Skoda LIAZ 100 (1974 – ca. 1998)

Antrieb	Sechszylinder-Reihendieselmotor, Direkteinspritzung, Abgasturbolader, 270/300/351 PS, Hubraum: 11.940 cm^3, 5-Gang-Getriebe in zwei Schaltgruppen
Fahrgestell	Leiterrahmen, Starrachsen vorn und hinten, Blattfedern
Gewichte	Fahrzeuggewicht: Pritschenwagen: 8,0 Tonnen, zul. Gesamtgewicht: 16,25 Tonnen, Zuggewicht: 38,5 Tonnen

Tatra 138/148

Am liebsten im Steinbruch – dem Tatra 138 war (fast) kein Untergrund zu schwierig, seine Robustheit bewährte sich auf zahlreichen Baustellen in mehr als 40 Ländern.

Foto: Tatra

Sie sind Tatra: Keine anderen Modelle stehen in Ost und West so stark für die Marke aus der Tschechoslowakei wie die schweren Baustellenkipper 138 und 148. Allradantrieb, Zentralrohrrahmen und luftgekühlte Motoren sind Attribute, die man sehen und hören kann. Die Hochbeinigkeit der Tatra auf fester Fahrbahn bei geringer Auslastung ist ebenso Legende wie die guten Fahreigenschaften im Gelände. In der DDR kommen auf dem zivilen Sektor die Dreiseitenkipper 138 3 S und der Nachfolger 148 3 S zum Einsatz, außerdem dient das serienmäßig dreiachsige Fahrgestell für Feuerwehrfahrzeuge als Basis, bestimmt meist für Werkfeuerwehren und versehen in der Regel mit Aufbauten aus der Tschechoslowakei, in einigen Fällen auch von Rosenbauer in Österreich.

Aus dem Zwölfzylinder des Vorgängertyps ist für den 138 ein Achtzylinder geworden, wieder in zwei Zylinderreihen und V-Form angelegt. Weniger Hubraum bei gleich vielen PS (180) – auch so lässt sich die technische Neuerung definieren. Die Luftkühlung einerseits und ein zusätzlicher Ölkühler andererseits prädestinieren den Tatra für sämtliche Temperaturextreme. Das Fünfganggetriebe aus eigener Entwicklung verfügt wie schon beim Typ 813 über ein elektropneumatisch betätigtes Zusatzgetriebe, mit dessen Hilfe sich die Zahl der Fahrstufen bei Bedarf verdoppeln lässt. Die Differenzialsperren werden ebenfalls elektropneumatisch betätigt. Schwere Blattfedern an den Hinterachsen und ebenso fortschrittliche wie platzsparende Drehstäbe vorn sorgen für erträglichen Federungskomfort. Das Design der Kabinen passt in die Zeit – ein echter Rundhauber in harmonischer Ausführung – und wirkt auch gegen Ende der Bauzeit in den 1980er Jahren noch imposant.

Für die Aufnahme von Kippern, Betonmischern, leichten Kränen und anderen Gerätschaften erhält der 138 einen Hilfsrahmen. Der Tatra kommt fast ausschließlich als allradgetriebener Dreiachser auf die Straße, übrigens auch mit fest montierter Pritsche, unter anderem für die militärische Nutzung. Wenig Verbreitung finden die zweiachsigen Zugmaschinen. Mitte der sechziger Jahre taucht der 138 auch auf bundesdeutschen Straßen auf. Bis zu 80 Exemplare kann Importeur Semex in Dorsten damals pro Jahr absetzen. Intensiver entwickelt sich der Export außerhalb der Comecon-Staaten in afrikanische und asiatische Länder. Als 1971 die Produktion des Tatra 138 endet, waren 45.000 Exemplare vom Band gelaufen.

Äußerlich geringfügig aber effektvoll modifiziert, macht er als Typ 148 weiter. Die Motorhaube fällt nun bei vergrößertem Kühlergrill nicht mehr so steil ab und lässt den Tatra wesentlich moderner erscheinen. In der Kabine aber bleibt im Prinzip alles beim Alten, nicht einmal der Steg mitten in der Frontscheibe ist abgeschafft worden. Das karge Interieur kann mit der Konkurrenz inzwischen nicht mehr Schritt halten.

Aber im Gelände ist der Tatra immer noch Spitze und auch Überladungen verträgt die Konstruktion der Pendelachsen ausgezeichnet. Vergrößerter Hub steigert die Motorleistung gegenüber dem Typ 138 auf nun 212 PS. Der 148 läuft in hoher Stückzahl vom Band, 1982 feiert man im Werk in Koprivnice die Fertigstellung des 100.000sten, ein Jahr später läuft die Produktion aus.

Tatra 138/148 (1961 – 1983)

Antrieb	V8-Dieselmotor, luftgekühlt, 180/212 PS, Hubraum: 11.762/12.667 cm^3, Allradantrieb (wahlweise 6x4), 5-Gang-Getriebe mit Geländeuntersetzung
Fahrgestell	Zentralrohrrahmen, Pendelachsen vorn und hinten
Gewichte	Fahrzeuggewicht: 11 Tonnen, zul. Gesamtgewicht: 26 Tonnen

Selbst der schwere Muldenaufbau ließ dem Tatra 148 noch eine Nutzlast von 14,5 Tonnen – und Überladungen steckte er dank seiner ungewöhnlichen Pendelachsen zusätzlich weg.   Foto: Semex

Tatra 141

Tatra 141 (1954 – 1970)

Antrieb	V12-Dieselmotor, luftgekühlt, Direkteinspritzung, 176/185 PS, Hubraum 14.825 cm^3, Allradantrieb, 4-Gang-Getriebe mit Geländeuntersetzung
Fahrgestell	Zentralrohrrahmen, Pendelachsen vorn und hinten
Gewichte	Fahrzeuggewicht: 12,140 Tonnen, zul. Gesamtgewicht: 18,240 Tonnen, Gesamtzuggewicht: 100 Tonnen

Als robust und langlebig bewährte sich der Tatra 141 bis zu einer Zugleistung von 100 Tonnen. Dieses Exemplar fährt in der Tschechoslowakei im Auftrag der staatlichen Spedition CSAD. Foto: Tatra

Wenn auch nicht in großer Stückzahl auf den Straßen der DDR anzutreffen, waren die Tatra-Lkw aus der Tschechoslowakei in ihren Einsatzfeldern unverzichtbar. Geländegängige große Lastwagen für den zivilen Einsatz und Schwerlastzugmaschinen gab es nicht allzu viele auf dem Weltmarkt – Tatra konnte damit dienen, ohne dass die Devisenkasse beansprucht werden musste.

Als erster Tatra erreicht ab 1960 die Schwerlastzugmaschine 141 die DDR, eine Ableitung vom legendären Tatra 111 aus dem Jahre 1942. Der luftgekühlte V12-Dieselmotor mit 176 PS aus 14,8 Litern Hubraum stammt aus eigener Entwicklung, das Fahrwerk mit dem Zentralrohr und Pendelachsen gilt schon längst als das Erkennungszeichen von Tatra schlechthin. Als Abwandlung des 111 wird in den frühen 1950er Jahren die Schwerlastzugmaschine 141 entwickelt, eine wahrhaft imposante Erscheinung mit der langen, leicht gerundeten Haube und den wuchtigen Stoßstangen. Großzügig bemessen ist die Kabine, sie hat vier Türen und lässt sich sogar in einen Schlafplatz mit insgesamt vier Betten umwandeln! Auch die große Ballastpritsche über den eng zusammenstehenden Hinterachsen und zwei außen montierte Reserveräder als Abschluss verstärken den optischen Eindruck.

Als Schwerlastzugmaschine mit Allradantrieb verfügte der Tatra 141 über eine Geländeuntersetzung. 100 Tonnen einschließlich Auflieger kann sie ziehen, zu ihrer Zeit die untere Grenze des Schwerlasttransports. Mehr war nicht drin mit herkömmlichem Getriebe und Kupplung. Die frühen Tatras bewähren sich aber in ihrer Gewichtsklasse, vor allem durch ihre lange Lebensdauer. 1970 werden die letzten 141 in die DDR geliefert, noch weit bis in die 1990er waren sie auf den Straßen präsent.

Tatra 813

Als Vorläufer des Frontlenker-Programms bringt Tatra 1970 die Schwerlastzugmaschine 813. Sie bleibt allerdings in der Leistungsklasse des Vorgängers 141, das Zuggewicht ist weiterhin auf 100 Tonnen beschränkt. Um die Zugleistung voll anbringen und das Fahrzeuggewicht von 22 Tonnen erreichen zu können, benötigt der neue Tatra einen Ballast von knapp acht Tonnen. Im Vergleich zum 141 etwas weniger Überhang und der kleinere Radstand zwischen der zweiten und dritten Achse bestimmen das durch und durch moderne Erscheinungsbild. Über allem thront wieder eine imposante Kabine – ganz im Trend der Zeit in Trapezform und erneut mit viel Platz für die Besatzung. Offenbar hatten – trotz der niedrigen Stückzahlen – Fachleute für Rationalisierung den Konstrukteuren über die Schulter geschaut, denn die hinteren Türen entsprechen spiegelverkehrt den vorderen.

Innen reicht der Platz für einen Tisch auf der Motorabdeckung und insgesamt fünf Sitze. Durch Umlegen der Rückenlehnen entstehen hinten zwei Notliegen. Da das Fahrerhaus nicht kippbar ist, muss eine große Wartungsklappe in der Front genügen. Der V12-Motor von Tatra ist in-

Tatra 813 (1970 – 1983)

Antrieb	V12-Dieselmotor, luftgekühlt, Direkteinspritzung, 257 PS, Hubraum: 17.640 cm^3, (später: V10 mit 15.825 cm^3 und 280 PS) 5-Gang-Getriebe, zwei Geschwindigkeitsstufen bzw. 5-Gang-Getriebe und vier Schaltstufen
Fahrgestell	Zentralrohrrahmen, Pendelachsen vorn und hinten
Gewichte	Zul. Gesamtgewicht: 22 Tonnen, Fahrzeuggewicht: 14,5 Tonnen, Zuggewicht: 100 Tonnen

Tatra 813 hier nicht als Schwerlastzugmaschine, sondern als Fahrgestell für Sonderaufbauten. Der Transportbetonmischer von Stetter aus der Bundesrepublik auf dem Tatra kam entgegen ersten Plänen dann doch nicht in die DDR. Foto: Semex

zwischen weiterentwickelt und leistet nun 257 PS aus 17,6 Litern Hubraum. Das Getriebe hat nun fünf Vorwärtsgänge und das Zusatzgetriebe teilt die Gänge mit elektropneumatischer Vorwahl in Langsam- und Schnellgangstufen. Im Zuge der Modellpflege erfolgt die Splittung der fünf Gänge in vier Schaltgruppen. Außerdem wird von hier aus die Seilwinde angetrieben.

Ein Plus des im Schwertransport ja nicht unbedingt benötigten Allradantriebs ist die gute Steigfähigkeit des Tatra. Die Schwerlastzugmaschine wird als Drei- und als Vierachser angeboten, außerdem gibt es Spezialfahrgestelle mit Nebenabtrieb für Aggregate in den Aufbauten. Auch eine zweiachsige Ausführung gehört zum Programm, dient aber dem Fernverkehr und wird offenbar nur in kleinen Stückzahlen gefertigt. In die DDR kommt offenbar allein die Schwerlastzugmaschine. Eine Kombination des vierachsigen Fahrgestelles mit einem acht Kubikmeter fassenden Betonmischer, wie in der KFT 7/74 beschrieben, ist zwar für einen Import vorgesehen, es bleibt aber offenbar bei der Absicht. Mit dem Tatra 815 ab 1983 erhält das Programm dann ein einheitliches Gesicht.

Tatra T 815

Die neue Modellreihe von Tatra wird breit aufgestellt. Sie soll wie schon der 148 den Bedarf an geländegängigen Lkw bis 20 Tonnen Nutzlast in allen RGW-Staaten (Rat für gegenseitige Wirtschaftshilfe der sozialistischen Staaten) decken und dabei Baufahrzeuge, Straßenzugmaschinen und Spezialfahrgestelle umfassen. Sogar Varianten für den Fernverkehr auf schwierigen Strecken gehören zu den Vorgaben der künftigen Baureihe T 815. Nach zehn Jahren Vorbereitung ist 1982 eine Baureihe geschaffen, die Tatra als Grundlage zum Überleben in der Marktwirtschaft nach der politischen Umwälzung auch in der Tschechoslowakei dienen würde und prinzipiell auch 2010 noch in Produktion ist.

Als Frontlenker nutzt der T 815 die vorhandene Fläche besser als der Hauber, die Nutzlast des dreiachsigen Allradkippers liegt weiter bei rund 15 Tonnen. Auch ein Vierachser gehört schon bald zum Programm. Die Kabine des neuen 815 kann wahlweise auf oder vor der Vorderachse montiert werden. Zusammen mit einem um 150 Millimeter reduzierten Radstand ergibt sich bei der zweiten Variante eine erheblich verbesserte Manövrierfähigkeit bei nahezu gleich bleibender Nutzlast. Als Fahrgestell für Spezialfahrzeuge ist zudem eine Version mit tiefliegendem Fahrerhaus lieferbar. Daneben gibt es die klassische Fernverkehrsvariante und die große Doppelkabine für die Schwerlastzugmaschine. In die DDR gelangen vor allem Dreiseitenkipper in beiden Fahrerhauspositionen und in kleiner Zahl die Schwerlastzugmaschine.

Die Motoren stellen bei Einführung der Baureihe Entwicklungsstufen der bestehenden Triebwerke dar und verfügen über höhere Leistung bei vergrößerter Standfestigkeit. Das Tatra-Baukastensystem ermöglicht jetzt V8-, V10- und V12-Motoren mit 230, 283 und 360 PS. Auch das Getriebe wird optimiert, bietet nun schnelleres Schalten und kann rationeller gefertigt werden. Die Jahresproduktion liegt bei rund 15.000 Einheiten, ein guter Wert für eine derart spezialisierte Fahrzeugreihe. Natürlich spielt dabei auch der Militärbedarf eine Rolle.

Die Orientierung in der Marktwirtschaft brachte für das traditionsreiche, schon 1850 gegründete Unternehmen einige Turbulenzen. Die Notwendigkeit, westliche Standards vor allem bei den Motoren zu erfüllen und mehrfacher Eigentümerwechsel hinderten Tatra häufig an einer positiven Entwicklung. Aktuell hofft die Firma nach kurzzeitiger Zugehörigkeit zum US-amerikanischen Baumaschinenhersteller Terex wieder auf eine Zukunft in Eigenständigkeit.

Auch für den ab 1982 gebauten Tatra T 815 ist der schwere Baustellenverkehr das ideale Terrain. Dieser Vierachser hat das Fahrerhaus vor der Vorderachse montiert. Er will Interessenten in der Bundesrepublik beeindrucken – ein Vorführwagen des Importeurs Semex. Foto: Semex

Tatra T 815 (1982 – 1997)

Antrieb	V8-, V10- und V12-Dieselmotoren, 230/283/360 PS, Hubräume: 12.745/15.825/19.000 cm^3, luftgekühlt, Allradantrieb, Vorderachse zuschaltbar, 5-Gang-Getriebe mit zwei Schaltgruppen
Fahrgestell	Zentralrohrrahmen, Pendelachsen vorn und hinten
Gewichte	Fahrzeuggewicht: 11,8 Tonnen, zul. Gesamtgewicht: 26,6 Tonnen

Zuk

Im Gegensatz zu der klaren Aufteilung der Nutzfahrzeugproduktion in den RGW-Staaten bei den schweren Lastwagen und den Omnibussen ist die Versorgung mit Transportern und Lieferwagen nie zentral festgelegt worden. So existieren mehrere Alternativen in der Nutzlastklasse um eine Tonne zum in der DDR gebauten und weit verbreiteten Transporter Barkas. Alle Versorgungslücken kann er nicht füllen, ein wenig den allgemeinen Mangel lindern hilft für ein paar Jahre ein Import aus Polen. Zwischen 1976 und 1980 bezieht die DDR den Zuk, einen schon damals veralteten, aber sehr robusten Transporter. Gut 6000 Zuk als Pritschenwagen, Lastenwagen und Kombi (mit einer Sitzbank hinten und Scheiben rundum) kommen in dieser Zeit ins Land – genug, um auch im Straßenbild wahrgenommen zu werden.

Einen Transporter mit 2,5 Tonnen Gesamtgewicht zu dieser Zeit noch mit einem Benzinmotor zu bestücken, ist nur für eine Planwirtschaft akzeptabel, wo technische Innovationen einfach zu lange auf sich warten lassen. Der Zuk hat den Motor des Warsawa 203, einer bei FSO in Warschau gebauten und 1973 eingestellten Limousine, deren Ursprung auf den russischen Pobjeda zurückgeht. Der Hersteller FSC (Fabriyka Samovchodów Ciezarowitsch) in Lublin hat sich seit der Produktionsaufnahme 1958 in vielen Punkten daran orientieren müssen, was in der

Zuk (1956 – 1991)

Antrieb	Vierzylinder-Reihenmotor, Benziner, 70 PS, Hubraum: 2120 cm³, Wasserkühlung, Heckantrieb, 3-Gang-Getriebe
Fahrgestell	Leiterrahmen, vorn Einzelradaufhängung, hinten Starrachse
Gewichte	Fahrzeug: 1,4 Tonnen, zul. Gesamtgewicht: 2,4 Tonnen (Pritschenwagen)

bescheidenen polnischen Pkw-Produktion für seinen Lieferwagen abfiel, so auch später bei Komponenten des Polski-Fiat. 70 PS aus 2,1 Litern Hubraum erfreuten immerhin die Fahrer, denn der Zuk lässt sich recht flott bewegen. Das unübliche Dreiganggetriebe, ebenfalls aus dem Warsawa, wird ihn dagegen verwundert haben. Der hohe Kraftstoffverbrauch von 14 Litern auf 100 Kilometern beschränkt in ökonomischer Hinsicht den Einsatz des Zuk generell.

Auch das kantige Design von Kabine und Kasten weist auf die da schon rund 20-jährige Produktionszeit hin. Der Zuk hat aber auch gute Seiten. Der Leiterrahmen ist robust wie das ganze Fahrzeug, schlechte Straßen strapazieren ihn nicht über Gebühr und dank der hohen Bodenfreiheit kommt der Hecktriebler auch auf unbefestigten Wegen leidlich gut voran. Die Platzverhältnisse befriedigen durchaus bei einer 4,6 m² großen Pritsche. In Polen wird der Zuk zusätzlich als Kleinbus für zehn Personen und als Kastenwagen für Feuerwehrausrüstung angeboten sowie mit einer Pick-up genannten Niedrigpritsche versehen. Auch nach Ende des Imports in die DDR muss die Baureihe noch eine Weile durchhalten, der Nachfolger erscheint erst Ende der 1980er Jahre und geht in den frühen 1990ern in Produktion. Weiter entwickelt gibt es diesen bis zum Konkurs der Nachfolgerfirma Intrall im Jahr 2007. Von großer Bedeutung ist bis heute am Standort Lublin das Volkswagen-Werk, das zusammen mit dem Werk Hannover für die Produktion des VW-Transporters sorgt.

Schloss für ein paar Jahre Transportlücken: Der Zuk aus Polen war strapazierfähig und flott, sein Vergasermotor machte ihn allerdings unwirtschaftlich.

Foto: PolMot

Omnibusse

Fleischer S 1, S 2, S 4, S 5

Bis in die letzten Tage der DDR bleibt der Fleischer S 5 aktuell. Inzwischen dienen Motor und Achsen des Ikarus 200 – als Gebrauchtteile vom Kunden beschafft – als technische Grundlage des immer noch ansehnlich, inzwischen aber doch veraltetet wirkenden Busses.
Foto: Archiv Matthias Röcke

Die technische Basis liefert der Lastwagen H 6, dennoch ist der Fleischer S 2 – hier in der frühen Formgebung – dank seines selbsttragenden Aufbaus ein moderner Reisebus.
Foto: Archiv Matthias Röcke

Omnibusse von Fleischer aus Gera sind die große Besonderheit unter allen in der DDR produzierten Kraftfahrzeugen. Bei der Fritz Fleischer Karosserie- und Fahrzeugfabrik handelt es sich um den am längsten aktiv gebliebenen privaten Fahrzeugbauer. Fritz Fleischer hält sehr lange durch, muss erst 1958 eine Teilverstaatlichung akzeptieren und 1972 den kompletten Verlust seines Betriebes hinnehmen.

Fleischer-Busse sind im Zeitraum von 1959 bis 1989 hoch begehrt, sowohl bei VEB wie bei den von extremem Fahrzeugmangel geplagten privaten Busunternehmern. Rund 500 selbsttragende Busse sind in dieser Zeit entstanden. Begonnen hat Fleischer wie so viele Omnibushersteller mit Aufbauten auf Lkw-Fahrgestellen. Erste Fleischer-Busse dieser Art gibt es 1954. Nicht nur weil es in der DDR an geeigneten Busfahrgestellen mangelt und natürlich der Bezug für einen Privatbetrieb äußerst schwierig ist, sondern weil überhaupt der allgemeine Techniktrend dahin führt, baut Fleischer ab 1958 mit dem S 1 seinen ersten selbsttragenden Bus. Achsen erhält er aus der Produktion des S 4000, den Motor vom Motorenwerk Schönebeck. Der neu entwickelte, luftgekühlte Vierzylinder wird auch im Lkw W 50 und in abgewandelter Form im Traktor ZT 300 eingesetzt und leistet im Bus 95 PS. Platziert ist er in dem Gerippe aus Leichtmetall im Heck. Auch Baugruppen aus abgenutzten H 6B werden genommen, eine Methode, die es dem Karosseriebaubetrieb trotz aller staatlichen Gängelung und später als VEB möglich macht, Busse auch dann noch anzubieten, als der Neubau nicht mehr gestattet ist. So entsteht schon ab 1960 der S 2, zunächst in ähnlichem, dann in erneuertem Erscheinungsbild mit bis an die Dachkante reichenden Seitenscheiben. Diese elf Meter langen Reisebusse werden zum Inbegriff der eleganten Fleischer-Fahrzeuge.

Verbaut wird, was verfügbar ist. Deshalb entsteht als Zwischenlösung 1970 der S 4, ein Reisebus mit Komponenten des Lkw W 50. Mehr als eine Zwischenlösung wird es deshalb nicht, weil parallel vom Staat der Ikarus 211 auf W-50-Fahrgestell forciert wird und deshalb für den privaten Konkurrenten kein Platz sein darf. Jedenfalls für Neufahrzeuge – mit angelieferten Gebrauchtteilen lässt sich immer etwas machen. Als letzte Baureihe tritt der S 5 ab dem Jahr 1973 auf den Plan. Basis ist nun der Ikarus 200, das Erscheinungsbild entspricht dem der zweiten Version aus der S 2-Reihe. Die Achsen und andere Komponenten liefert aber nicht das ungarische Omnibuswerk, sondern die Kunden in Form von Gebrauchtteilen – ebenso sind sie für die Betriebserlaubnis, von einem ausgemusterten Bus stammend, zuständig. Nur so kann die Produktion aufrecht erhalten werden. Alle auf diese Weise entstandenen Fleischer-Busse tragen das Zusatzkürzel RU (Reparatur Umbau). Der letzte aller Fleischer-Busse verlässt 1990 das Werk. Die Werksanlagen sind in der baulichen Substanz derart schlecht, dass Versuche, hier nach der politischen Umwälzung eine neue Produktion aufzubauen, keine Chance haben. Fritz Fleischer selbst hat die dramatischen Wochen der Wende nicht mehr erlebt, er stirbt am 1. September 1989.

Fleischer S 1 (1959 – 1960)

Antrieb	Vierzylinder-Reihenmotor (Motorenwerk Schönebeck), Diesel, Wirbelkammerverfahren, Luftkühlung, 96 PS, Hubraum: 6560 cm^3, Heckeinbau, 5-Gang-Getriebe
Aufbau	Selbsttragend, Starrachsen vorn und hinten, Radstand 3900 mm, Länge 9000 mm
Gewichte und Kapazität	Fahrzeuggewicht: 6,15 Tonnen, zul. Gesamtgewicht: 8,7 Tonnen; 34 Fahrgäste (Reiseverkehr)

Fleischer S 2 (1960 – 1971)

Antrieb	Sechszylinder-Reihenmotor (IFA H 6), Diesel, Wirbelkammerverfahren, Wasserkühlung, 150 PS (ab 1965: 160 u. 190 PS), Hubraum: 9840 cm^3, Heckeinbau, 5-Gang-Getriebe
Aufbau	Selbsttragend, Starrachsen vorn und hinten, Radstand: 4900 mm, Länge: 10.900 mm (ab 1965: 11.000 mm)
Gewichte und Kapazität	Fahrzeuggewicht: 9,02 Tonnen (ab 1965: 9,2 Tonnen), zul. Gesamtgewicht: 13 Tonnen; 36 (ab 1965: 42) Fahrgäste (Reiseverkehr)

Fleischer S 4 (1969 – 1989)

Antrieb	Sechszylinderreihenmotor (IFA W 50), Diesel, 125 PS, Hubraum: 6560 cm^3, Wirbelkammerverfahren, Wasserkühlung, Heckeinbau, 5-Ganggetriebe
Aufbau	Selbsttragend, Starrachsen vorn und hinten, Radstand: 3900 mm, Länge: 9700 mm
Gewichte und Kapazität	Fahrzeuggewicht: 6,9 Tonnen (ab 1965: 9,2 Tonnen), zul. Gesamtgewicht: 10,8 Tonnen; 38 Fahrgäste (Reiseverkehr)

Fleischer S 5 (1971 – 1980)

Antrieb	Sechszylinderreihenmotor (Ikarus), Diesel, 190 PS, Hubraum: 9840 cm^3, Wirbelkammerverfahren, Wasserkühlung, Heckeinbau, 5-Ganggetriebe
Aufbau	Selbsttragend, Starrachsen vorn und hinten, Radstand: 6100 mm, Länge: 12.000 mm
Gewichte und Kapazität	Fahrzeuggewicht: 955 Tonnen, zul. Gesamtgewicht: 13,8 Tonnen, 48 Fahrgäste (Reiseverkehr)

IFA H 6B

Typisch für den Stadt- und Überlandverkehr der DDR in den späten 1950er und frühen 1960er Jahren: der H 6B, hier in Stadtbusausführung, unterwegs auf den Straßen von Jena. Foto: Archiv Matthias Röcke

Mit dem Beschluss zum Lkw H 6 ist auch die Frage entschieden, welche Omnibusse in der DDR gebaut werden können. Fahrzeuge in der Größe des W 500, wie sie das Werk in Werdau in Weiterentwicklung gerne gebracht hätte, haben nun keine Chance mehr. An ihre Stelle tritt der ähnlich konzipierte, aber auf das kleinere H 6-Fahrgestell abgestimmte H 6B. Dieser wird zum Standardbus auf Stadt- und Überlandlinien in der DDR, oft in Verbindung mit dem Anhänger W 700. Das RGW-Abkommen zur schwerpunktmäßigen Produktion von Nutzfahrzeugen setzt aber auch ihm 1959 ein Ende.

Vom H 6 stammen Motor und Getriebe, der Aufbau ist wie beim W 500 teilselbsttragend, das Gerippe auf einer Rahmenbodenanlage montiert. Den Vorteil des geringen Gewichts eines voll tragenden Gerippes wie bei anderen Neukonstruktionen jener Zeit (die „Setra" genannten selbsttragenden Aufbauten von Kässbohrer setzen diese Aufbauart auf dem Markt durch) hat die Konstruktion nicht, das Eigengewicht bleibt mit 8,5 Tonnen recht hoch. Dafür ist der H 6-Motor mit seinen 120 PS zumindest bei voller Auslastung und im Anhängerbetrieb etwas zu schwach. Ein prinzipieller Nachteil der Verwendung von Lkw-Fahrgestellen im Busbau, dass nämlich der vorn hoch bauende Motor eine Tür in Höhe des Fahrers verhindert, macht sich nach Abschaffung des Schaffners

H 6B (1954 – 1959)

Antrieb	Sechszylinder-Reihenmotor, Diesel, 120 PS (ab 1956: 150 PS), Hubraum: 9036 cm³, 5-Gang-Getriebe
Aufbau	Bodenanlage, teilselbsttragender Aufbau, Starrachsen vorn und hinten, Radstand: 4900 mm, Länge: 9830 mm
Gewichte und Kapazität	Fahrzeuggewicht: 8,5 Tonnen, zul. Gesamtgewicht: 12,65 Tonnen; Überlandlinie: 38 Fahrgäste +7 Klappsitze, Stadtlinie: 26 Sitz-, 31 Stehplätze

im Linienverkehr bemerkbar – der Fahrgastfluss von der ersten Tür zum Fahrer und zurück erweist sich im vollen Bus als mühsam. Dazu kommt als zweiter Nachteil der Motoranordnung Fahrer und Fahrgäste nervender Lärm.

Trotz einiger Qualitätsprobleme, die auch in einer komplizierten Zusammenarbeit der zwei Produktionsstandorte Werdau und Ammendorf ihre Ursache haben, entwickelt sich der H 6B im Laufe der Jahre zu einem strapazierfähigen und bewährten Bus. Die Optik ist von Anfang an gelungen, der rundliche Vorderbau, die großen Fenster und gelegentlich Zweifarblackierung machen ihn zu einer auffälligen Erscheinung. Aus Werdau kommt die Überlandausführung mit 38 Sitzplätzen und sieben Notsitzen im Gang, aus Ammendorf die Stadtversion mit 26 Sitz- und 31 Stehplätzen, unter anderem auf einem Perron im Heck. Während der Überlandbus über Schlagtüren (und eine Fahrertür) verfügt, hat der Stadtbus vorn eine Schiebetür und hinten eine Falttür. Insgesamt 1910 Einheiten werden gebaut, davon 1109 in Werdau.

Auch in Ost-Berlin gibt es in den 1950er und 1960er Jahren einen Doppelstockbus ähnlich dem berühmten westlichen Gegenstück und ganz in der Berliner Tradition. Ungewöhnlich und zugleich die Erklärung für die technische Herkunft ist die Haubenbauweise. Den DO 54 und DO 56 hat die Waggonfabrik LOWA in Bautzen auf dem H 6-Fahrgestell entworfen. Der Doppelstockbus besteht zunächst aus mit Blech beplanktem Holzaufbau, später ganz aus Stahl. 72 Sitzplätze und 18 Stehplätze kann er bieten. Die lange Haube verleiht ihm einen imposanten Auftritt. Während die Holzaufbauten nicht lange durchhalten, bewähren sich die Stahlversionen bis Ende der 1950er Jahre.

Foto. Archiv Matthias Röcke

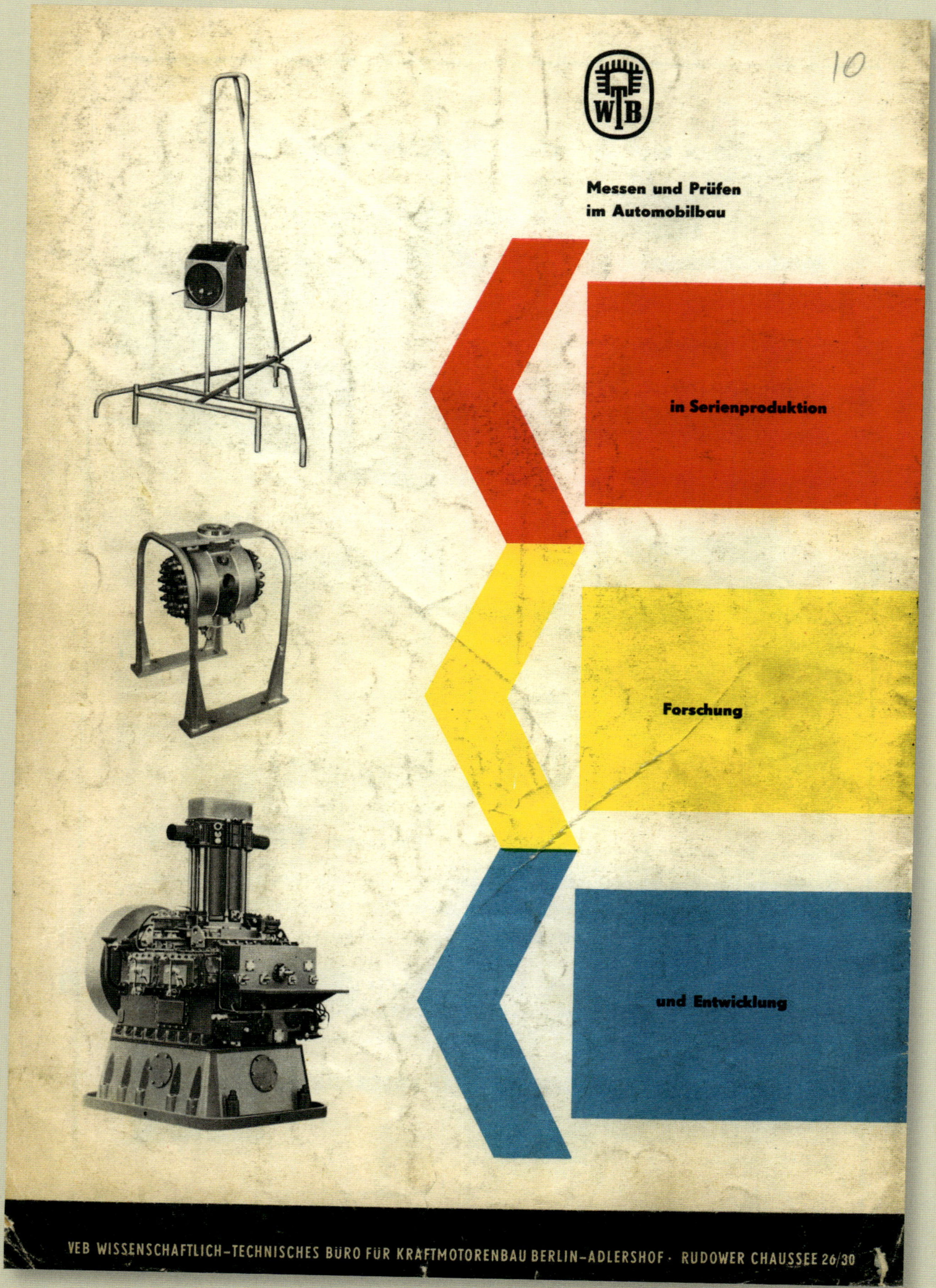

Durchaus weit verzweigt war das Netz nachgeordneter Betriebe und Institutionen innerhalb der Kraftfahrzeugindustrie der DDR – ohne eine solche Anzeige hätte wohl kaum jemand öffentlich Notiz genommen vom Büro für Kraftmotorenbau

Ikarus 60/601 und 620/630 DDR

Robust genug für harten Einsatz im Linienverkehr auf schlechten Straßen – so haben sich die Ikarus 60 in der DDR bewährt. Hier ein strapaziertes Exemplar im Bezirk Gera. Die Frontscheibe lässt sich ausstellen. Originell auch die Tür zum Sitzplatz neben dem Motor. Foto: Archiv Matthias Röcke

Bei den großen Bussen bleibt Ikarus zunächst bei der traditionellen Bauweise auf einem separaten Fahrgestell. Für den 1951 eingeführten Typ 60 verwendet das Werk ein von Csepel entwickeltes Chassis, das bei Ikarus produziert wird. Wirklich neu ist der Motor, erstmals kommt ein Lizenzaggregat aus einem Abkommen zwischen Csepel und Steyr in Österreich zum Zuge. Der Aufbau schließlich ist hauseigen. So entsteht ein eher einfacher aber geräumiger Bus für den Linienverkehr. Natürlich wird ein derartiges Fahrzeug in den frühen 1950er Jahren dringend gebraucht. Der Bus ist robust genug für Fahrten bei hoher Auslastung auf schlechten Straßen, fasst 62 Fahrgäste (37 stehend) und ist ausreichend motorisiert. Die Frontlage des Motors macht den Einstieg hinter der Vorderachse nötig, in Zeiten des im Fahrzeug mobilen Schaffners noch kein Problem. Originell ist der Sitzplatz vorn rechts neben dem Motor – hier gibt es sogar eine etwas abenteuerlich anmutende und wohl kaum für den Fahrgastverkehr offene Extratür. Der Ikarus 60 hat in der Stadtbusversion hinter der Hinterachse eine weitere Tür.

Als Nebenlinie entsteht eine kleine Serie von Oberleitungsbussen mit elektrischer Ausrüstung des ungarischen Herstellers Ganz. Acht Jahre bleibt der Typ 60 im Programm, schon 1953 als 601 in wenigen Details weiter entwickelt. 1959 ist eine optische Auffrischung dann überfällig. Als Ikarus 620 (Stadtlinien) und 630 (Überlandlinien) trägt er ein modernes Gesicht, veränderte Radläufe und reichlich Zierrat. Die Technik bleibt bis auf einen stärkeren Motor, eine Weiterentwicklung der Steyr-Lizenz mit nun 145 PS, unverändert.

Von beiden Baureihen haben Verkehrsbetriebe in der DDR zahlreiche Exemplare erhalten. Der Typ 60/601 wird insgesamt 766 Mal ausgeliefert, vom 620 sind es nur 75, vom 630 dagegen 2032 Stück, die ab 1960 in großer Zahl als Ersatz für den H 6B eingesetzt werden.

Ikarus 60/601 (620/630) (1951 – 1971)

Antrieb	Sechszylinder-Reihenmotor (Csepel), Diesel, 125 (145) PS, Hubraum: 7990 (8276) cm^3, 5-Gang-Getriebe
Aufbau	Fahrgestell Csepel, Leiterrahmen, Stahlaufbau, Starrachsen vorn und hinten, Radstand: 5000 mm, Länge: 9450 mm
Gewichte und Kapazität	Fahrzeuggewicht: 8,5 Tonnen, zul. Gesamtgewicht: 13,80 Tonnen; Überlandlinie: 38 Sitzplätze, Stadtlinie: 25 Sitz-, 37 Stehplätze

Ikarus 30/31/311

Der Ikarus 311 machte auch in den letzten Jahren seiner Bauzeit noch eine gute Figur und bewährte sich vor allem in Regionen mit schlechten Straßenverhältnissen. Hier eine Prospektabbildung um 1970.

In dem schon seit 1895 bestehenden, renommierten Karosseriebaubetrieb Ikarus im Raum Budapest streben die Entwickler in den späten 1940er Jahren auch unter den neuen politischen Vorzeichen in der sozialistischen Republik Ungarn nach in die Zukunft weisenden Neukonstruktionen, unabhängig von staatlichen Vorgaben einer Einheitsproduktion. Es geht um die zu jener Zeit in vielen europäischen Omnibusfabriken geführte Diskussion um die selbsttragende Bauweise. Um den staatlichen Vorstellungen gerecht zu werden und doch den Anschluss an den künftigen technischen Standard nicht zu verlieren, setzen die Ikarus-Werke durch, ihren schon 1948 eingeführten selbsttragenden Bus für das Jahr 1951 weiter zu entwickeln und parallel einen größeren auf Lkw-Fahrgestellen zu bauen.

Der kleinere trägt die Ziffer 30 und wird in großer Zahl in die DDR eingeführt. Trotz der fortschrittlichen Bauweise wählt Ikarus den Frontmotor, was den Einstieg hinter der Vorderachse zur Folge hat. Der Motor sitzt auf einem Schlitten, um bei Wartungsarbeiten nach vorn herausgefahren werden zu können. Für seine Zeit wirkt das relativ kleine Fahrzeug in der Formgebung modern und ausgewogen. Der 8400 Millimeter lange Bus hat bei voller Bestuhlung 31 Sitzplätze, in der Stadtversion – hier gibt es eine zweite Tür hinter der Hinterachse – sind es 19 Sitze bei 20 Stehplätzen. Die wesentlichen technischen Komponenten erhält der Hersteller bei ungarischen Betrieben: Den Motor steuert Csepel bei, Achsen und Getriebe Raba.

Mit alldem ist die Grundlage für eine lange Laufzeit gelegt. Als 31 und später 311 erfährt der Bus 1956 eine Weiterentwicklung – im Wesentlichen hat er im Radstand und in der PS-Leistung zugelegt – und hält durch bis 1972, für den Export in afrikanische und andere Dritte-Welt-Staaten auch mit Perkins-Motoren ausgestattet. In den 16 Jahren entstehen 6515 Einheiten, vom Ikarus 30 zuvor sind es 3175. Fast ein Drittel davon gelangt in die DDR, exakt 3008 Busse!

Ikarus 30 (31/311) (1951 – 1972)

Antrieb	Vierzylinder-Reihenmotor (Csepel), Diesel, Wirbelkammerverfahren, Wasserkühlung, 85 (95) PS, Hubraum: 5322 (5517) cm^3, Fronteinbau, 5-Gang-Getriebe
Aufbau	Selbsttragend, Starrachsen vorn und hinten, Radstand: 4600 mm, Länge: 8400 (8540) mm
Gewichte und Kapazität	Fahrzeuggewicht: 5,37 (5,9) Tonnen, zul. Gesamtgewicht: 9,07 (9,37) Tonnen; 31 Fahrgäste (Reiseverkehr)

Ikarus 55/66

Das Gesicht des DDR-Nahverkehrs in den 1960er Jahren und darüber hinaus: Ikarus 66, die Stadtbusversion des sehr fortschrittlichen ungarischen Busses. In 16 Jahren werden 5908 Fahrzeuge ausgeliefert.
Foto: Archiv Matthias Röcke

Ikarus in Ungarn ist einer der ganz wenigen Hersteller von Nutzfahrzeugen in den sozialistischen Staaten gewesen, die immer auf der Höhe des internationalen technischen Niveaus operierten. Das beste Beispiel dafür ist der selbsttragende Bus der Typen 55 und 66, die legendäre „Zigarre". In der DDR hat dieser Bus wie kein zweiter das Bild des Kraftverkehrs in den 1950er und 1960er Jahren geprägt. Im Erscheinungsjahr 1952 wirkt er Atem beraubend futuristisch, und als Mitte der 1980er Jahre in der DDR die letzten Exemplare ausgemustert werden, gibt er immer noch ein imposantes Bild ab, nun allerdings schon nostalgisch verklärt. Bis 1973 entstehen 15.726 Exemplare, keine besonders hohe Stückzahl in gut 20 Jahren. Aber 8214 davon werden in die DDR exportiert (2306 als Reisebus vom Typ 55)!

Erfahrungen mit selbsttragenden Aufbauten hat Ikarus schon mit dem Typ 30 und dem Vorgängerbus TR 3.5 gesammelt. Nun steht ein großes Fahrzeug in der neuen Aufbautechnik auf den Rädern, kühn in Stromlinienform gestaltet mit seinem runden Kopf und dem schwanzartigen Heck. Dachform, Fensteranordnung, Schmuckelemente – alles ist aus einem Guss. Konsequent aber nicht so prägnant fällt zunächst das Busgesicht aus. Die Scheinwerfer sitzen unter der Stoßstange, der glattflächige Bug könnte auf den ersten Blick auch als Heck durchgehen. Schon bald ändert das die neue Platzierung der Frontscheinwerfer über der Stoßstange.

Den Motor in einem selbsttragenden Bus im Heck unterzubringen wirkt aus heutiger Sicht selbstverständlich. Seinerzeit gibt es Diskussionen um den idealen Platz. Nahezu zeitgleich mit Kässbohrer in der Bundesrepublik Deutschland beginnt Ikarus die Serienfertigung, beide Marken setzen die neue Bauweise (die schon seit den 1930er Jahren bekannt ist) mit Heckmotor auf den Märkten durch. Der Motor – es handelt sich um den selben Typ wie im Ikarus 60 beziehungsweise ab 1958 im Ikarus 620 – hat in dem Stromlinienheck so viel Platz um sich herum, dass ein Mechaniker sich bequem neben ihm niederlassen kann. Die Gewichtsersparnis der integralen Bauweise macht der Vergleich zum Ikarus 630 deutlich: Dieser wiegt, obwohl rund 1800 Millimeter kürzer, rund 400 Kilogramm mehr. Ein weiterer Vorzug stellt neben der nicht festgelegten Platzierung von Komponenten der Kofferraum unter dem Fußboden dar. Trotzdem fährt der Ikarus 55 in den frühen Jahren stets mit dem seinerzeit obligatorischen Gepäckdach als Zusatz. Der Typ 66 ist auf den Linienverkehr zugeschnitten und hat in der Version für die DDR sogar drei Türen für einen günstigen Fahrgastfluss.

Weder mit seiner Bauzeit noch mit dem Ende des Sozialismus endet die Popularität dieses Busses. Von den zahlreichen Omnibussen, die nach der deutschen Vereinigung in den neuen Bundesländern restauriert werden, sind einige Ikarus 55 und 66 unverändert ein Blickfang auf jedem Oldtimertreffen.

Klassiker bis heute sind die Ikarus 55 und 66 geblieben. Hier ein Exemplar im Umfeld einer Bustagung in Köln, abgestellt vor dem Messegelände.

Foto: Matthias Röcke

Ikarus 55/66 (1952 – 1973)

Antrieb	Sechszylinder-Reihenmotor (Csepel), Diesel, 125 (145) PS, Hubraum: 7990 (8276) cm³, 5-Gang-Getriebe
Aufbau	Selbsttragend, Starrachsen vorn und hinten, Radstand: 5550 mm, Länge: 11.400 (11.330) mm
Gewichte und Kapazität	Fahrzeuggewicht: 8,1 Tonnen, zul. Gesamtgewicht: 12,5 (12,6) Tonnen; Überlandlinie: 44 Sitzplätze, Stadtlinie: 32 Sitz-, 58 Stehplätze

Ikarus 180/556

Zwar gibt es gegen Ende der 1950er Jahre mit dem Ikarus 66 einen Linienbus in selbsttragender Bauweise, was der Marke aber fehlt und was der internationale Markt mehr und mehr verlangt, ist der neuartige Gelenkbus als Ersatz für die Anhängerzüge – und das möglichst gleich selbsttragend. Als Ergebnis der Bemühungen steht 1961 der Ikarus 180 auf den Rädern, ein eleganter, aber doch eher unspektakulärer Stadtbus. Pate stand – das berichtet die 2007 erschienene Chronik „Rolling legends – The History of Ikarus-Works" – der Henschel HS 160 aus der Bundesrepublik Deutschland, ein halbselbsttragender Bus in Schalenbauweise. Demnach ist ein Exemplar des Henschel bei Ikarus zu Studienzwecken zerlegt worden.

Allerdings ist Ikarus dem Henschel-Vorbild mit Ausnahme der Unterflur-Position des Motors nicht gefolgt. Ikarus setzt auch hier auf die selbsttragende Bauweise, wenn auch ein in sich stabiler Bodenrahmen die Aggregate aufnimmt. Darüber steht das Aufbaugerippe aus Vierkantrohren. Der Unterflurmotor zwischen der ersten und zweiten Achse hat den Vorteil eines ebenen Fußbodens bis zur Rückwand. Der Nachteil eines für den Stadtverkehr relativ hoch bauenden Fußbodens spielt rund 20 Jahre vor Einführung der Niederflurtechnik noch keine Rolle. 180 Fahrgäste kann der neue Bus aufnehmen – das beschert ihm auch die Typbezeichnung. Insgesamt vier Türen sorgen für zügigen Fahrgastfluss, für einige Jahre ist vor der Hecktür noch

Viel Platz, relativ leicht und dank des durchgängig ebenen Bodens bequem für die Fahrgäste: Der in der DDR sehr häufige Ikarus 180, der erste Gelenkbus des ungarischen Herstellers.
Foto: Archiv Matthias Röcke

der feste Schaffnerplatz montiert, ehe überall der schaffnerlose Einsatz Einzug hält.

Es dauert, bis die Serienproduktion beginnt. Erst 1967 läuft die Produktion richtig an, sechs Jahre nach der Messepremiere. Inzwischen hat ein Raba-Motor, hergestellt nach einer MAN-Lizenz, den ursprünglich vorgesehenen Csepel-Motor verdrängt.

Gegenüber dem Ikarus 66 hat der vom 180 abgeleitete Solobus 556 den Vorteil der besseren Ausnutzung der Grundfläche und somit einer höheren Fahrgastzahl. Von ihm gelangen mit 311 (von 5651) relativ wenige Exemplare in die DDR, vom ersten Gelenkbus der Marke mit 1140 von 7802 produzierten Fahrzeugen dagegen viele.

Ikarus 180/556 (1961 – 1973)

Antrieb	Sechszylinder-Reihenmotor (Raba), Diesel, 192 PS, Hubraum: 10.350 cm^3, 5-Gang-Getriebe
Aufbau	Bodenrahmen, teilselbsttragend, Starrachsen vorn und hinten, Blatt-Luftfederung, Radstand: 3500 u. 6020/3500 mm, Länge: 16.500/10.900 mm
Gewichte und Kapazität	Fahrzeuggewicht: 12/8,2 Tonnen, zul. Gesamtgewicht: 23/16 Tonnen; 40 Sitz-, 140 Stehplätze/25 Sitz-, 75 Stehplätze

Der Handelsrat der Ungarischen Volksrepublik in der DDR, Herr Janos Vas

Auf der Leipziger Herbstmesse 1976 wurde ein bedeutsamer Kooperationsvertrag über den gemeinsamen Bau des Autobusses IKARUS/IFA 211 unterzeichnet. Diese Zusammenarbeit wird wesentlich dazu beitragen, die Beziehungen der DDR und der Ungarischen Volksrepublik auf dem Gebiet des Straßenfahrzeugbaues zu vertiefen. Der Vertrag kann ferner als gutes Beispiel für die sich ständig vertiefende bilaterale Zusammenarbeit zweier RGW-Länder und damit der sozialistischen ökonomischen Integration gelten.
DDR EXPORT stellte in diesem Zusammenhang Herrn Janos Vas, Handelsrat der Ungarischen Volksrepublik in der DDR, einige Fragen.

DDR EXPORT: Welche Überlegungen führten zur Entwicklung dieses Autobusses, der seine Bewährungsprobe inzwischen mit bestem Erfolg bestanden hat?

Handelsrat Vas: Wir messen dem Ausbau der Kooperationsbeziehungen große Bedeutung bei. Die zielstrebige internationale Arbeitsteilung ist eine entscheidende Voraussetzung, um wissenschaftlich-technische Erkenntnisse schnell in der Praxis anwenden, die Arbeitsproduktivität steigern und solche Erzeugnisse rentabel herstellen zu können, die auf allen Märkten konkurrenzfähig sind.
Jeder Fortschritt auf dem Gebiet Spezialisierung und Kooperation steigert nicht nur die Effektivität der Wirtschaft unserer

2

Länder, sondern fördert auch den Prozeß der Integration im sozialistischen Wirtschaftssystem. Hier gibt es noch große Reserven.
Unsere Kooperationsprogramme konzentrieren sich auf die wichtigsten Bereiche der volkswirtschaftlichen Entwicklung. Dazu gehört auch der Straßenfahrzeugbau.
Eine der neuesten Errungenschaften auf diesem Gebiet und unserer Kooperationsbeziehungen ist der Autobus IKARUS/IFA 211. Die bekannten und bewährten IKARUS-Busse sind überwiegend für den städtischen und zwischenstädtischen Massenverkehr konstruiert. Der neue, etwas kleinere, 8,5 m lange moderne Autobus ist für den örtlichen Berufsverkehr besonders geeignet. Der Konstruktionsentwurf entstand auf der Grundlage bisheriger Erfahrungen und der guten Zusammenarbeit mit der Fahrzeugindustrie der DDR. Die im Rahmen der Spezialisierung entwickelten und in beiden Ländern bereits gut bekannten Aggregate und Teile von hoher Qualität, die bei der Lkw-Kooperation in großem Umfang verwendet werden, können auch bei dieser neuen Konstruktion eingesetzt werden.

DDR EXPORT: Wieviel Zeit wurde benötigt, um aus der Idee einen fahrbereiten Prototyp zu entwickeln?

Handelsrat Vas: Die Herstellung der ersten Probefahrzeuge erfolgte relativ schnell. Die Fachleute unserer Länder haben eine ausgezeichnete Arbeit geleistet. Das neue Fahrzeug entstand in der Zeit von nur 6–7 Monaten!

DDR EXPORT: Wo soll das Fahrzeug vor allem eingesetzt werden?

Handelsrat Vas: Dieser Bus ist ein Mehrzweckfahrzeug. Er ist vor allem für den Berufsverkehr bestimmt. Mit Sonderausrüstung kann er auch für besondere Zwecke umgestaltet werden. Acht solcher Busse mit Exquisit-Ausrüstung wurden bereits 1976 an die DDR geliefert.

DDR EXPORT: Können Sie Beispiele dafür nennen, wer welche Teile für den neuen Bus liefert und wo die Fertigmontage erfolgt?

Handelsrat Vas: 53 Teileinheiten resp. Aggregate werden von DDR-Betrieben geliefert. So kommt zum Beispiel der Motor aus Nordhausen, die Gangschaltung aus Brandenburg, die Vorderachse aus Gotha und die Hinterachse aus Ludwigsfelde. Die Karosserie wird im IKARUS-Werk in Budapest gebaut. Hier erfolgt auch die Montage und die Auslieferung des fahrbereiten Fahrzeuges.

DDR EXPORT: Wie wird sich die Produktion des IKARUS/IFA 211 bis 1980 entwickeln?

Handelsrat Vas: Der Umfang der Produktion wird einmal davon bestimmt, daß IKARUS die Herstellung seiner eingeführten Erzeugnisse nicht reduzieren möchte; zum anderen hängt die Produktionshöhe auch von den Zulieferungen der DDR-Partnerbetriebe ab.

DDR EXPORT: Werden auch andere RGW-Länder die Vorteile der gemeinsamen Entwicklung nutzen können, das heißt, ist auch an einen Export in andere RGW-Länder und darüber hinaus gedacht?

Handelsrat Vas: Das erste Ziel ist die Versorgung unserer beiden Partnerländer. Das ist schon eine große Aufgabe. Zum anderen wird auch das Interesse der anderen RGW-Länder an diesem Fahrzeug wachsen. Die Erfüllung dieser Ansprüche würde allerdings eine Kapazitätserweiterung erforderlich machen. Darüber wird zu gegebener Zeit beraten werden.

Kooperation IKARUS/IFA

Ein gutes Beispiel bilateraler Zusammenarbeit

1

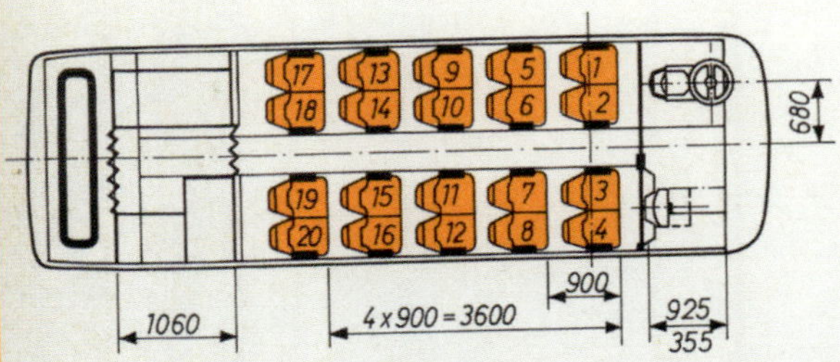

1
Der Autobus IKARUS/IFA 211 – Exquisit-Ausführung

2
Das gleiche Fahrzeug in Normalausführung

Ikarus 200

Mehr als 20 Jahre spielt er die Rolle des typischen „Ost-Busses“, nicht nur in der DDR. Die Serie Ikarus 200 wird in großer Zahl hergestellt und in sozialistische Staaten, in kleiner Zahl auch in westliche Länder, exportiert. Erst 2002 verschwindet sie aus dem Programm des da schon um sein Überleben kämpfenden ungarischen Busherstellers. In 33 Jahren entstehen genau 215.800 Busse, pro Jahr sind das im Schnitt 6539 Einheiten. Auf den ersten Blick keine besonders hohe Zahl, aber gemessen an der Kapazität westeuropäischer Bushersteller (die sich allerdings auf einem echten Markt behaupten müssen) ein durchaus stattlicher Wert. Heute existiert Ikarus nicht mehr. Bis 2006 Bestandteil des französisch-italienischen Irisbus-Konzerns, ging der Betrieb 2007 in Insolvenz.

Im Jahre 1967 wird der neue Ikarus 250 vorgestellt, ein topmodern gestalteter Reisebus, in der Bauweise angelehnt an den Typ 180 mit dessen mittragender Rahmenanlage. Der Motor sitzt unterflur vor der Hinterachse, als Neuerung verfügt er komplett über Luftfederung. Große Scheiben, die Frontscheibe mit leichtem Panoramaeffekt und tiefer heruntergezogen, klare Kanten und Linien sowie harmonische Flächenaufteilung geben ihm ein sympathisches und dabei unspektakuläres Auftreten.

Das ist auch das richtige Vorgehen gewesen, denn immerhin musste das Design über 35 Jahre halten … Es folgen schnell nach demselben Prinzip die Typen 260 (Stadtbus) und 280 (Gelenkbus). Als konstruktive Alternative bringt das Werk schon 1972 die Typen 255 (Reise) und 266 (Solowagen für den Linienverkehr) heraus. Diese haben einen komplett selbsttragenden Aufbau, Heckmotor und Blattfedern. Als Typ 256 erhält der Reisebus dann aber bald ebenfalls Luftfederung. In der Regel verwendet Ikarus Raba-Motoren nach MAN-Lizenzen und Csepel-Getriebe, für den Export in den Westen auch andere Aggregate. Die Aktivitäten der Ungarn auf westlichen Märkten bleiben nicht ohne Erfolg, sind aber nie von Dauer. So gibt es zeitweise ein Engagement in den USA, nach Skandinavien gehen kleine Serien, auch in die Bundesrepublik in Form eines vom 266 abgeleiteten Standardlinienbusses nach VÖV-Norm. In der DDR hat man aber immer ein Heimspiel, bei dem die Busse nicht nur wegen des allgemeinen Mangels sondern auch auf Grund ihrer Qualitäten sehr anerkannt sind.

Sehr viel Mühe verwendet Ikarus auf die Weiterentwicklung der Gelenkwagen. Die Länge wächst von 16,50 auf 18 Meter (1981), außerdem wird der Motor dem Trend zum Schubgelenkbus folgend ins Heck verlegt, so dass nicht mehr ein Unter-

Ikarus 250/260/280 (1968 – 1996/1971 – 2002/1971 – 2002)

Antrieb	Sechszylinder-Reihenmotor (Raba), Diesel, 192 (1980: 220) PS, Hubraum: 10.350 cm³, 5-Gang-Getriebe
Aufbau	Bodenrahmen, teilselbsttragend, Starrachsen vorn und hinten, Luftfederung, Radstand: 6330/5400/5400 u. 6200 mm, Länge: 11.990/11.000/16.500 (1981: 18.000) mm
Gewichte und Kapazität	Fahrzeuggewicht: 10,7/9/12,5 Tonnen, zul. Gesamtgewicht: 16/16/22,5 Tonnen; 43 Sitzplätze/20 Sitz-, 80 Stehplätze/35 Sitz-, 145 Stehplätze

Abweichend **Ikarus 255/256/266 (1972 – 1983/1974 – 2002/1972 – 1990)**

Aufbau	Selbsttragend, Starrachsen vorn und hinten, Blattfedern (256: Luftfederung)
Gewichte und Kapazität	Fahrzeuggewicht: 9,9/10,4/10 Tonnen

Ikarus 211 (1974 – 1990)

Antrieb	Vierzylinder-Reihenmotor (IFA), Diesel, 125 PS, Hubraum: 10.350 cm³, 5-Gang-Getriebe
Aufbau	Fahrgestell, Starrachsen vorn und hinten, Blattfedern, Radstand: 4030 mm, Länge: 8500 mm
Gewichte und Kapazität	Fahrzeuggewicht: 6,5 Tonnen, zul. Gesamtgewicht: 10 Tonnen, Fahrgäste: 39 Sitzplätze

flurmotor verwendet werden muss und sich niedrigere Fußbodenhöhen verwirklichen lassen. Oberleitungsbusse – auch für die DDR – gehören schon früh zum Programm, Versuche macht das Werk auch mit Doppelgelenkbussen.

Am anderen Ende der Größenskala steht der Midibus, ganz im angenehmen Erscheinungsbild der Großen. In die DDR gelangt er in einer quasi hauseigenen Variante: Der Typ 211 ist auf einem Fahrgestell des IFA W 50 aufgebaut. Das verspricht wenig Komfort, so dass selbst der VEB Imperhandel, die Verkaufsstelle nicht in der DDR produzierter Fahrzeuge, von einem „Arbeiterbus" spricht. Lücken im großflächig organisierten Berufsverkehr lassen sich mit ihm aber doch füllen.

Lieferung Ikarus 200 in die DDR

250	*(1969 – 1990)*	*476*
260	*(1973 – 1990)*	*3582*
280	*(1974 – 1990)*	*6376*
255	*(1972 – 1982)*	*4971*
256	*(1977 – 1990)*	*1595*
266	*(1979 – 1982)*	*462*
211	*(1975 – 1990)*	*1144*
		Gesamt 18.606

(Zahlen aus „Rolling legends – The History of Ikarus Works")

Der neue Ikarus aus dem Jahre 1968 überzeugt auf Anhieb – und wird im Prinzip bis 2002 im Programm bleiben. Hier ein Erprobungsfahrzeug aus der ersten Serie des Reisebusses vom Typ 250.
Foto: Ikarus-Werke

REISECAR
IKARUS 250.59
Ikarus
SZÉKESFEHÉRVÁR

Karosa C 734

DDR

Zur Entlastung der durch Fahrzeugmangel geprägten Betriebssituation erhalten die staatlichen Verkehrsbetriebe in der DDR im Jahre 1987 überraschend 70 Busse vom Typ Karosa 734 aus der Tschechoslowakei. Inzwischen firmieren die von Skoda abstammenden Fahrzeuge unter dem Namen des Karosseriebauers, der schon beim Vorgängermodell SL 11 (in die DDR nicht exportiert) auf die selbsttragende Bauweise umgesattelt hat. Dabei wendet Karosa die ungewöhnliche Methode an, komplett fertige, bereits lackierte Seitenwände mit Dach und Bodengruppe zu verbinden. Die Baureihe stammt aus dem Jahr 1981 und ist von klarem, kantigem Design geprägt. Mit der selbsttragenden Bauweise bekommt der Motor nun auch seinen Platz im Heck. Er ist dort liegend untergebracht, um Raum in der Höhe zu gewinnen. Seine 210 PS geben dem Bus ausreichend Kraft auch für schwerere Überlandstrecken.
Ein weiterer technischer Fortschritt ist mit der Einzelradaufhängung vorn verwirklicht. Die Lieferung der Überlandbusse in die DDR bleibt ein Einzelfall, die Karosa-Baureihe 700 hält aber bis weit über die politische Wende in der Tschechoslowakei hinaus durch und wird in modernisierter Form und unter dem neuen Eigentümer Irisbus noch bis in das Jahr 2005 gebaut, zuletzt als Typ Recreo. 1993 geht das privatisierte Werk in Vysoké Mýto an Renault und wird 1999 in den neuen Buskonzern Irisbus eingebracht, wo es bis heute eine wichtige Rolle spielt.

Eine seltene Erscheinung bleibt der Karosa C 734, ein Überlandbus des tschechoslowakischen Herstellers. Die Konstruktion aus den frühen 1980er Jahren verhilft dem Hersteller nach 1990 zu einem erfolgreichen Start in die Marktwirtschaft und bleibt in Evolutionsstufen bis 2005 in Produktion. *Foto: Karosa*

Karosa C 734 (Baureihe 700) (1981 – 2005)

Antrieb	Sechszylinder-Reihenmotor, Diesel, Direkteinspritzung, 210 PS, Hubraum: 11.940 cm³, Wasserkühlung, liegend im Heck eingebaut, 5-Gang-Getriebe (Praga)
Aufbau	Selbsttragend, vorn Einzelradaufhängung, hinten Starrachse, Schraubenfedern, Radstand: 5600 mm, Länge: 11.055 mm
Gewichte und Kapazität	Fahrzeuggewicht: 9,6 Tonnen, zul. Gesamtgewicht: 15,36 Tonnen; 72 Fahrgastplätze, davon 45 Sitzplätze

PAZ 672, LIAZ 677

In zwei Fällen importiert die DDR Omnibusse aus der Sowjetunion, trotz der dort noch verwendeten Vergasermotoren. Der Midibus PAZ 672 wird ab 1970 vorrangig im landwirtschaftlichen Arbeiterverkehr eingesetzt. Der Bus aus dem Werk in Pavlovsk ist, wie angesichts der Straßenverhältnisse im Heimatland nicht anders zu erwarten, sehr robust und hat eine hohe Bodenfreiheit (255 Millimeter), was ihn für Einsätze auf Feldwegen prädestiniert. In der Aufbautechnik zeigt er sich mit seiner selbsttragenden Karosserie moderner als er – Erscheinungsjahr 1968 – aussieht.

Auch der vorn angesiedelte Motor, ein großvolumiger V8 mit 115 PS, ist prinzipiell nicht unmodern, wenn man von dessen fehlender Eignung für den Omnibusbetrieb absieht. Den Verbrauch des vier Tonnen schweren Busses gibt der Hersteller mit 21 Litern auf 100 Kilometern an – bei einer Geschwindigkeit von konstant 50 km/h! Die maximal 23 Fahrgäste finden auf sehr einfachen, dünn gepolsterten Zweierbänken Platz, für Belüftung sorgen allein Schiebefenster und Dachluken – auch für die wenig verwöhnten Fahrgäste in der DDR ist dieser Bus zu jener Zeit eher ein Notbehelf.

Gemacht für den harten Einsatz, auch abseits befestigter Straßen dank der großen Bodenfreiheit von 255 Millimetern. Der Midibus PAZ 672 wird in der DDR im landwirtschaftlichen Arbeiterverkehr eingesetzt. Foto: Autoexport

Der LIAZ 677 aus dem Werk in Likoni ist ein Stadtlinienbus, erschienen 1972 in durchaus zeitgemäßer Gestaltung. Selbsttragender Aufbau und eine hochmoderne Bodengruppe – Einzelradaufhängung vorn und hinten sowie Luftfederung – weisen einen unerwartet hohen technischen Standard auf. Auch die hydromechanische Zweistufenautomatik, zugeschnitten auf den Stadtverkehr, ist eine fortschrittliche Lösung. Der Motor – wiederum ein V8-Vergasermotor – hat seinen Platz ganz vorn, weshalb die erste Tür hinter der Vorderachse angebracht sein muss. Dafür entsteht im Heck Raum für eine niedriger angesetzte Plattform. 370 Einheiten dieses ungewöhnlichen Busses sind von 1973 bis 1979 in die DDR eingeführt worden – ohne das Problem des hohen Treibstoffverbrauchs hätte er sich vermutlich besser bewährt.

Einzelradaufhängung und Luftfederung bringt der sowjetische Bus LIAZ 677 schon 1972 auf die Straße – ein interessanter Bus, den an einem effektiven Einsatz allerdings der V8-Vergasermotor hindert. In den 1970er Jahren wird der Bus in die DDR exportiert.

Foto: Autoexport

PAZ 672 (1968 – ca. 1987)

Antrieb	V8-Motor, Benziner, 115 PS, Hubraum: 4250 cm³, Wasserkühlung, 4-Gang-Getriebe
Aufbau	Selbsttragend, Starrachsen vorn und hinten, Blattfedern, Radstand: 3600 mm, Länge: 7200 mm
Gewichte und Kapazität	Fahrzeuggewicht: 4,5 Tonnen; 23 Fahrgastplätze

LIAZ 677 (1972 – ca. 1998)

Antrieb	V8-Motor, Benziner, 190 PS, Hubraum: 7000 cm³, Wasserkühlung, hydromechanische Zweistufenautomatik
Aufbau	Selbsttragend, Einzelradaufhängung vorn und hinten, Luftfederung, Blattfedern, Radstand: 5150 mm, Länge: 10.450 mm
Gewichte und Kapazität	Fahrzeuggewicht: 7,8 Tonnen, zul. Gesamtgewicht: 13,47 Tonnen; 110 Fahrgastplätze, davon 25 Sitzplätze

Robur-Omnibusse

Seinen Frontlenkerbus stellte Robur schon 1957 vor, gebaut wurde er ab 1961. In der ersten Fassung schmücken ihn Dachrandverglasung, Chromleisten und aufwändige Lackierung.
Foto: VEB Robur-Werke Zittau

Die Omnibusse von Robur sind trotz üblicher technischer Kompromisse vom Lkw abgewandelter Busse ein Glück für Arbeitskollektive, Vereine und andere in Gruppen Reisende in der DDR. Sie lindern nämlich den chronischen Mangel an vollwertigen Bussen. Der Robur Garant bietet 16 Sitzplätze für Fahrgäste an (davon drei Notsitze im Gang, in den 1950er Jahren nicht ungewöhnlich) und der Robur LO 2500/LO 3000 20 Fahrgastplätze. Damit liegen die Busse in der Kapazität zwischen den großen Fahrzeugen und echten Kleinbussen, heute würde man von Midi-Bussen sprechen. Große Busse bleiben in der DDR immer besonders rar, ihre Zuteilung streng auf die großen VEB Kraftverkehr beschränkt, besonders als sie ab den späten 1950er Jahren importiert werden müssen. An einen Robur zu kommen ist etwas einfacher. In vielen Fällen halten sich große Betriebe einen Robur, der dann gerne für Brigadefahrten oder Freizeitaktivitäten am Wochenende eingesetzt wird.

Bereits vom Granit in der ersten Fassung gibt es einen Bus als eigenständigen Aufbau des Karosseriewerkes Halle, der im Vergleich zum Nachfolger – ab 1956 unter dem Namen Garant – allerdings schmucklos bleibt. Dieser setzt sich dann von dem an sich schon formschönen Kastenwagen durch eine vergrößerte Frontscheibe, Chromleisten und auf Wunsch Zweifarblackierung ab. Gepäcknetze, Vorhänge, Aschenbecher und ein Schiebedach im vorderen Teil sind die Komfortmerkmale der Zeit. Den fehlenden Kofferraum muss die Dachgalerie ersetzen, erreichbar über eine feste Leiter auf der rechten Fahrzeugseite.

Einen Sprung in die Moderne stellte der schon 1957 vorgestellte,

Robur Granit (1952 – 1955)/Garant (1955 – 1961)/LO 2500 und LO 3000 (1961 – ca. 1990)

Angaben zur Technik siehe Seiten 173 und 175.

Maße	Länge/Breite/Höhe: 6100/2080/2600 mm (Granit), 6100/2080/2650 mm (Garant), 6490/2365/2565 mm (LO 2500), ab 1964: 6775/2385/2745 mm (LO 3000)
Kapazität	18 (3 Notsitze)/18 (3 Notsitze)/17, ab 1964: 20 Passagiere

Schmuckloser Auftritt, dafür aber eine zusätzliche Sitzreihe sind die Kennzeichen des Robur LO 3000. Die niedrige Fensterhöhe ist in den 1980er Jahren schon längst nicht mehr zeitgemäß. *Foto: VEB Robur-Werke Zittau*

aber erst ab 1961 produzierte Frontlenkerbus dar. Die moderne, Platz sparende Bauweise erlaubte mehr Sitze ohne jeden Notsitz. Dass dabei der Motor zwischen dem Fahrerplatz und dem vorderen Fahrgastsitz in den Fahrgastraum ragt, gehört zu den konzeptionellen Nachteilen aller auf Lkw-Fahrgestellen aufgebauten Frontlenkerbusse und bedeutet per se eine starke Komforteinbuße. Die Platzverhältnisse machen außerdem eine separate Tür für den Sitz neben dem Fahrer nötig, so dass der LO 2500/3000 zwei (als einfache Schlagtüren ausgeführte) Zugänge auf der rechten Seite hat. Die ab 1964 lieferbare verlängerte Version erhielt auch ein in der Mitte erhöhtes Dach für mehr Kopfraum über dem Mittelgang.

Von kleinen Gruppen sehr begehrt waren schon die Robur-Busse Granit und Garant. Die Reisenden auf dem Bild haben genügend Platz, maximal wären sieben weitere untergekommen, drei davon auf Notsitzen. *Foto: VEB Robur-Werke Zittau*

Skoda 706 RO

Omnibusse von Skoda spielen in der DDR keine große Rolle, weil zunächst die landeseigenen Fahrzeuge und später die Ikarus-Importe das Bild bestimmen. Mitte der 1950er Jahre kommt aber als erster Vertreter der tschechoslowakischen Busmarke in kleiner Stückzahl der Skoda 706 RO ins Land, ein konventionell auf einem Fahrgestell aufgebauter Stadt-/Überlandlinienbus mit 10,20 Metern Länge. In Bauart und Erscheinungsbild entspricht er den nicht mehr gebauten IFA W 500 und W 600. Das Chassis stammt vom Lastwagen 706, hier in Niederrahmenversion ausgeführt. Der Motor thront regelrecht neben dem Fahrersitz wie bei vielen Frontlenkerbussen jener Zeit. Allerdings ist der Skoda 706 RO zu dieser Zeit in Erscheinungsbild und Komfort bereits veraltet und wird bald durch den Skoda 706 RTO abgelöst.

Lückenfüller für eine kurze Zeit: Die Busse vom Typ Skoda 706 RO haben zwar viel Platz, weisen aber ein hohes Eigengewicht auf. Foto: Archiv Michael Dünnebier.

Skoda 706 RO (1951 – ca. 1957)

Antrieb	Sechszylinder-Reihenmotor, Diesel, Vorkammerverfahren, 145 PS, Hubraum: 11.781 cm^3, Wasserkühlung, 5-Gang-Getriebe
Aufbau	Leiterrahmen-Fahrgestell, Niederrahmen, Starrachsen vorn und hinten, Radstand: 5400 mm, Länge: 10.200 mm
Gewichte und Kapazität	Fahrzeuggewicht: 8,4 Tonnen, zul. Gesamtgewicht: 14 Tonnen; 68 Fahrgastplätze

Skoda 706 RTO

DDR

Unter den Zeiteinflüssen gelitten hat das einst moderne Erscheinungsbild der Skoda 706 RTO, aufgenommen 1987 in Suhl. Allerdings leistet der rund 20 Jahre alte Bus da immer noch treue Dienste. *Foto: Matthias Röcke*

Das Jahr 1957 markiert einen bedeutsamen Einschnitt in der Geschichte der Skoda-Nutzfahrzeuge: Parallel zum neuen Frontlenker-Lastwagen 706 kommt der Bus 706 RTO. Außerdem wird der Busbau neu organisiert, für die Aufbauten ist jetzt nicht mehr Avia, sondern Karosa in Vysoke Myto zuständig. Zwar verzichtet der 706 RTO noch auf die zu dieser Zeit schon vielerorts praktizierte selbsttragende Bauweise, er wirkt aber äußerlich modern. Ein Design aus einem Guss, geprägt von gefälligen Rundungen und mit dem ungewöhnlichen Effekt, dass Heck und Bug nahezu gleich gestaltet sind, machen ihn unverwechselbar. In die DDR wird der Skoda-Bus bis 1971 in knapp 500 Einheiten importiert und ist sehr lange im Einsatz, meist auf Überlandstrecken, zum Teil im Anhängerbetrieb.

Gebaut wird der Bus auch von Jelcz in Polen. Es gibt den 10,80 Meter langen Bus in Überlandausführung mit Schlagtür oder Drucklufttür hinter der Vorderachse oder als Stadtbus mit einer zusätzlichen Tür hinter der Hinterachse. Mit der Baureihe 706 hat der Hersteller den Motor auf Direkteinspritzung umgestellt. Der Skoda 706 RTO leistet 160 PS. Gegenüber dem Vorgänger sind das 15 PS mehr, Eigen- und Gesamtgewicht sind allerdings auch um 170 Kilogramm gestiegen. Vor allem die lange Nutzung bei Verkehrsbetrieben in der DDR führt gegen Ende der Laufzeit dazu, dass der Nachteil des im Fahrzeug platzierten Motors immer deutlicher wird. Bei nachlassender Abdichtung sind Geräusch- und Geruchsbelästigungen einfach unvermeidbar. Neben den Linienbussen gibt es auch eine Reiseversion und einen Gelenkbus, die aber beide in der DDR keine Rolle spielen.

Skoda 706 RTO (1957 – 1967)

Antrieb	Sechszylinder-Reihenmotor, Diesel, Direkteinspritzung, 160 PS, Hubraum: 11.781 cm^3, Wasserkühlung, 5-Gang-Getriebe
Aufbau	Leiterrahmen-Fahrgestell, Niederrahmen, Starrachsen vorn und hinten, Blattfedern, Radstand: 5400 mm, Länge: 10.800 mm
Gewichte und Kapazität	Fahrzeuggewicht: 8,7 Tonnen, zul. Gesamtgewicht: 14,2 Tonnen; Überlandbus: 53 Fahrgastplätze, davon 47 Sitzplätze (10 Notsitze im Gang), Stadtbus: 83 Fahrgastplätze, davon 25 Sitzplätze

Skoda 8 Tr, 9 Tr, 14 Tr

Als die Produktion der Oberleitungs-Elektrobusse in der DDR eingestellt wird und der noch aus Kriegszeiten stammende Altbestand von Henschel-O-Bussen allmählich aufgebraucht ist, verfügen noch elf städtische Verkehrsbetriebe über ein Netz für diese Technik: Berlin, Dresden, Eberswalde, Erfurt, Gera, Greiz, Leipzig, Magdeburg, Potsdam, doppelt breiten Türen und einem festen Schaffnerplatz im Heck. Nachfolger ist ab 1961 der 9 Tr, in runderen Linien moderner gestaltet und außerdem mit automatischer elektrischer Steuerung ausgestattet. Er bietet 24 Sitzplätze und 70 Stehplätze und läuft häufig im Anhängerbetrieb. Bis 1970 gelangen 137 Busse dieses Typs in die DDR, großen Scheiben und Türen einen modernen Eindruck und sind es auch in technischer Hinsicht: Die Thyristor-Schaltung sorgt für ruckfreies Anfahren und Beschleunigen. Noch 19 Busse vom Typ 14 Tr kommen bis 1987 in die DDR, mit elf Einheiten die meisten nach Weimar. Die Baureihe, zu der auch ein Gelenkbus gehört, verschafft

Skoda 8 Tr – ein stattlicher Oberleitungsbus in den späten 1950er Jahren auf den Straßen von Weimar. Dort wurde er Ende 1958 in Dienst gestellt. Er ist bereits in selbsttragender Bauweise ausgeführt. *Foto: Verkehrsbetriebe Weimar*

Weimar und Zwickau. Für sie beschafft der staatliche Handel ab 1955 Ersatzfahrzeuge aus der Tschechoslowakei, bis 1961 insgesamt 55 Einheiten vom Typ 8 Tr. Die elektrische Anlage stammt vom Straßenbahnhersteller CKD. Der 8 Tr ist ein selbsttragendes Fahrzeug mit rund zehn Metern Länge, drei davon allein 29 nach Dresden. Sie müssen nun halten bis 1984, als die nächste Serie von Skoda-Oberleitungsbussen beschafft wird. Inzwischen haben die Verkehrsbetriebe in Berlin, Dresden, Erfurt, Gera, Greiz, Leipzig, Magdeburg und Zwickau diese Betriebsart abgeschafft. Die Skoda 14 Tr machen mit ihren nach der politischen Wende in der Tschechoslowakei der dann eigenständigen Firma zum Start in die Marktwirtschaft. Der berühmte Name wird beibehalten, bis heute gibt es Oberleitungsbusse, aber auch Straßenbahnen mit dem Skoda-Emblem.

Der Nachfolger 9 Tr läuft in Weimar ab 1968, hier aufgenommen im Jahre 1973 am Goetheplatz. Der Bus hat jetzt eine autaomatische elektrische Steuerung.
Foto: Verkehrsbetriebe Weimar

In den 1980er Jahren exportiert Skoda in Ostrov den 14 Tr, einen modernen Oberleitungsbus mit Thyristorsteuerung, die für ein ruckfreies Anfahren sorgt. Auch dieser Bus steht am Goetheplatz in Weimar (1987). Foto: Verkehrsbetriebe Weimar

14 Tr

Antrieb	Elektromotor 100 kW, Thyristorsteuerung
Aufbau	Selbsttragend, Starrachsen vorn und hinten, Luftfederung, Radstand: 5420 mm, Länge: (ohne Stromabnehmer) 11.340 mm
Gewichte und Kapazität	Fahrzeuggewicht: 10 Tonnen, zul. Gesamtgewicht: 16 Tonnen; 100 Fahrgastplätze, davon 24 Sitzplätze

W 601/602/W 500

Mit dem Oberleitungsbus W 601 (in Weiterentwicklung W 602) ist in Werdau die Zeit der Improvisation beendet. Im Jahr 1950 steht der erste eigenständige Omnibus aus DDR-Entwicklung auf den Rädern, nachdem die früheren, seit 1947 verstaatlichten Schumann-Werke in den ersten Nachkriegsjahren Oberleitungsbusse in Kleinserie unter Verwendung von Restbeständen montiert hatten. Schon vor dem Krieg hatte das Werk Aufbauten für Lkw und Busse in großer Zahl gebaut. Die elektrische Anlage liefert die bekannte Lokomotivfabrik VEB LEW Henningsdorf, Bodenrahmen und Aufbau entstehen bei LOWA in Werdau, wie das Werk auf Grund neuer Betriebszugehörigkeit zu diesem Zeitpunkt heißt. Bei den Achsen greift man auf Material und Wissen aus dem früheren Vomag-Werk in Plauen zurück, das seit der Sprengung der Anlagen im Frühjahr 1945 durch US-Truppen nicht mehr existiert.

Der Bus hat Platz für 74 Fahrgäste (29 auf Sitzplätzen) und muss mit dem trotz der fortschrittlichen teilselbsttragenden Bauweise relativ hohen Eigengewicht von 9,6 Tonnen auskommen. In der Gestaltung wirkt er für die Zeit modern und stattlich. Genau 80 Einheiten werden bis 1955 gebaut, dazu kommen noch sieben in der kleineren Normgröße aus der Zeit von 1949 bis 1950, außerdem rund 40 O-Busse aus Restbeständen ab 1945 bis 1949.

Aus der ersten Baureihe eigenständiger Linienbusse aus DDR-Produktion: Der Oberleitungsbus W 602 bewährte sich gut in schwierigen Zeiten.
Foto: Archiv Matthias Röcke

Mit der Verwertung von Restbeständen beginnt auch der erste Motorbus aus DDR-Produktion seine Laufbahn. Im Aufbau auf dem O-Bus fußend, verlässt der W 500 das Werk in Werdau (ab 1952 VEB „Ernst Grube" Werdau, natürlich steht das W auch hier für den Produktionsstandort) mit Panzeraggregaten von Maybach (Zwölfzylinder-Vergasermotoren mit bis zu 280 PS) und Achsen von Vomag. Für genau 68 Fahrzeuge reichen die Vorräte – die extrem starken und durstigen Benzinmotoren werden zum Teil auf Gasantrieb umgerüstet.

W 601/602/W 500 (1950 – 1955)

Antrieb	Elektromotor 120 kW, Strom über Oberleitung/V12-Vergasermotor (Maybach), 240 – 280 PS, Hubraum: 10.840 cm^3, 5-Gang-Getriebe
Aufbau	Bodenanlage, teilselbsttragender Aufbau, Starrachsen vorn und hinten, Radstand: 5000/5400 mm, Fahrzeuglänge: 10.800/10.600 mm
Gewichte und Kapazität	Eigengewicht: 9,6/9,34 Tonnen, zul. Gesamtgewicht: 16 Tonnen; W 601: 74 Fahrgäste (29 Sitzplätze)/ W 500: 64 Fahrgäste (24 Sitzplätze)

Ein Oberleitungsbus vom Typ W 602 vor der Berliner Bartholomäus-Kirche im Stadtteil Friedrichshain, aufgenommen um 1955.
Foto: picture alliance/dpa-Zentralbild

Campingalltag in der DDR

Private Nische im Sozialismus

Campingalltag in der DDR

Unkompliziertes Privatleben auf idyllischen Plätzen – das machte den Campingurlaub so faszinierend für den DDR-Bürger.
Foto: Christiane Haase

Es gibt viele Alltagsszenerien aus der DDR, die das Leben, die politischen und die wirtschaftlichen Verhältnisse widerspiegeln – der Campingurlaub mit Zelt oder Wohnwagen gehört exemplarisch dazu. Die Folgen der Mangelwirtschaft hatten eben alles durchdrungen, das Privatleben genauso wie das Gedeihen der Wirtschaft. Im Privaten hieß das unter anderem die Zuteilung staatlich oder betrieblich vermittelter und stark subventionierter Ferienplätze. Zwar waren diese durchaus begehrt, sehr preisgünstig und attraktiv gelegen, staatliche Bevormundung durch die zentrale Vergabe und zum Teil auch durch den organisierten und reglementierten Aufenthalt vor Ort dämpften das Vergnügen – je freiheitsliebender der Einzelne war, um so mehr.

Als einzige Art, nach eigenen Wünschen ganz individuell in Urlaub zu fahren, blieb das Campen. Beschränkungen gab es zwar auch bei der Zuteilung von Stellplätzen auf besonders begehrten Anlagen, in der Regel verlief die Reise aber ganz nach Wunsch. Das politisch erlaubte Ausland blieb realistisch gesehen fast nur aus der Campingperspektive erreichbar, aufgrund der zu knappen Zuteilung fremder Währungen durch die DDR. Und dass ein Wohnwagen ähnlich schwer zu bekommen und ähnlich teuer zu bezahlen war wie das Auto, verwundert angesichts der Gesamtsituation natürlich auch nicht. Typisch DDR ist aber auch, was der viel zitierte „gelernte DDR-Bürger" aus der komplizierten Situation machen konnte: Findig im Ausheben mancher behördlicher Beschränkung, immer selbst Hand anlegend wo nötig und die Grundhaltung, bei aller Mühe das Positive zu nutzen – das ließ den Camping-Urlaub in den 40

Jahren DDR so attraktiv werden.

Im Vergleich zum kargen Angebot von Personenwagen aus DDR-Produktion herrschte bei den Herstellern von Wohnwagen und Wohnzeltanhängern eine relativ große Vielfalt mit international durchaus konkurrenzfähigen Produkten. Dafür blieb die Zahl der Importe überschaubar. Auch der Tüftler war gefragt, Eigeninitiativen wie das legendäre Dachzelt in Kleinserie oder sogar komplette Eigenbau-Wohnwagen gehörten zur Szene.

Was den Campern und der Industrie fehlte, waren auch hier die Stückzahlen. Einige der Hersteller hatten sich dem Thema eher nebenbei gewidmet, auch weil von großen Industriekombinaten verlangt wurde, mehr Konsumgüter anzubieten und sie gerade für den Wohnwagenbau ein paar Grundvoraussetzungen im Hause hatten. Produktionskapazitäten und Materialknappheit begrenzten allerdings die Stückzahlen. Und beim Intercamp, dem größten allgemein zugänglichen Wohnwagen, stand auch ein (bescheidener) Westexport einer größeren Verbreitung im Lande im Wege.

So galt es in der Bevölkerung immer als hohes Ziel, einen Wohnwagen zu bekommen, insbesondere eines der größeren Modelle. Solange das nicht gelang, stand auch das Campingzelt hoch im Kurs – und so lange es mit dem Autokauf nicht geklappt hatte, auch noch das Motorrad als Basis für den Zelturlaub. Rückblickend erfreuen sich frühere DDR-Bürger heute sehr gerne an ihrem einstigen Campingleben zwischen Ostsee und Thüringer Wald, der Hohen Tatra und dem Balaton. Das eigene Auto und der Wohnwagen, die sorgsam geplante und dankbar genossene Reise bleiben als ein bunter Farbtupfer im eher grauen Alltagsleben in der DDR bestehen. Ein Eindruck, der nicht in Vergessenheit geraten sollte.

Die eingeschränkte Reisefreiheit optimal nutzen und Kontakte pflegen – der Campingplatz war dafür die sehr willkommene Nische. *Foto: Christiane Haase*

Zwei Wege zum geräumigen „Heim“ für unterwegs: Wohnwagen Bastei, hier Typ 350, als Spitze der normalerweise erreichbaren Wohnwagen …

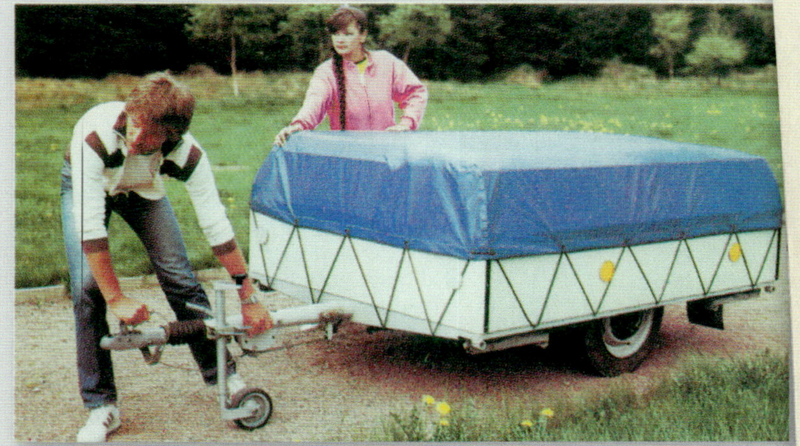

…. oder der extrem praktische Kompromiss des Zeltanhängers. Kompakt auf der Anreise, …

Heute hier, morgen dort

1 Wohnwagen «Intercamp 355 L/SA» Luxusausführung mit Vorzelt
Möbel beidseitig mit Naturholz furniert. Außenlackierung beige/braun. Eingefärbte Fenster. Doppelscheiben für Front- und Heckfenster. Teppichboden Synthetik, synthetische Textilien für Polster und Gardinen. Innentapete für Wände und Decke. Polstergarnitur in 10 cm Stärke. Radspoiler. Komplett eingebaute Propangasheizung «Solar». Zusätzliche zweite Gasflasche. Leergewicht 620 kg. Zulässiges Gesamtgewicht 700 kg. Lieferung frei Haus.
39.314 **14.250,-**

2 Wohnwagen «Bastei 2» Luxusausführung mit Heizung und Vorzelt
Der «Bastei 2» von außen:
Wetter- und korrosionsfeste Konstruktion sowie die Verarbeitung widerstandsfähiger Materialien garantieren eine lange Lebensdauer. Schaumstoff als Isolation für Seitenwände und Boden, zweischaliges luftisoliertes Plastedach, Gaskasten aus Plaste mit Platz für 2 Propangasflaschen und 2 Wasserkanister. Geteilte Einstiegstür.
Der «Bastei 2» von innen:
Separater Küchensektor mit Wandschrank und Anrichte mit Kocher-Spüle-Kombination, kombinierter Kleider-Wäscheschrank, großer Stauraum unter den Sitzen. Zusätzlicher Dachstauraum im Bug und Heck. Alle Fenster mit Stores, Übergardinen. Leergewicht 550 kg. Zuladung 250 kg, zulässiges Gesamtgewicht 800 kg. Maße außen: Gesamtlänge 458,7 cm, Gesamtbreite 200 cm, Gesamtbreite mit Vorzelt 430 cm. Maße innen (LBH) 345×190×185 cm. Elektrische Anlage vom Zugfahrzeug 12 V, von Fremdeinspeisung 220 V. Hydraulische Auflaufbremse.
39.111 Lieferung durch Selbstabholung **10.300,-**

3 Campinganhänger «Qek Junior» mit Vorzelt
Ferienunterkunft für 3 bis 4 Personen. Aufenthaltsraum und Schlafraum, PUR-Schaumstoffaufleger, Kleinküche mit Spüle (mit Sprelacartplatte abdeckbar), Propangaskocher mit Gasflasche, installierte 220 V-Anlage bei Fremdeinspeisung. Einzelradaufhängung, Spiraldruckfeder und die mechanische Auflaufbremse garantieren ausgezeichnete Fahreigenschaften. Rückfahrautomatik. Gesamtlänge 385 cm, Aufbaulänge 290 cm, Gesamthöhe 205 cm, Gesamtbreite 193 cm. Leergewicht 360 kg, Nutzlast 140 kg. Lieferung durch Selbstabholung.
39.211 gebremst, HP 500.83 **6.182,-**

174

… bietet er viel Platz für seine Nutzer nach erfolgreichem Um- und Aufbau – hier dargestellt in Katalogaufnahmen.

Wunderbare DDR-Campingwelt: bequem und jederzeit lieferbar – aber nur gegen Westgeld. Bereits am Titel „Geschenke in die DDR“ ließ sich ablesen, dass die Genex-Kataloge die vermögende Westverwandtschaft als Zielgruppe ansprach.

Barkas

Es hätte wirklich ein schönes Campingleben werden können mit dem Barkas, dem allgegenwärtigen Transporter aus DDR-Produktion – wäre er nur zu haben gewesen. Es gibt ihn auch nicht nach jahrelangen Wartezeiten, der robuste Transporter mit Zweitaktmotor steht nur für Bedarfsträger bereit, das heißt für

Schnell reagiert und in den hauseigenen Baukasten gegriffen haben 1990 die westdeutschen Wohnmobilhersteller Westfalia …

… und Karmann. Aber selbst mit dem neuen Viertaktmotoren ist der Barkas nicht konkurrenzfähig, es bleibt bei Einzelstücken. Selbst die Prospekte sind heute Raritäten.

KARMANN MOBIL

Stand: 1. Dezember 1990

Karmann-Reisemobil-Aufbau auf Barkas 500-Fahrgestell.

Ein Gemeinschaftsprodukt der beiden Unternehmen KARMANN und BARKAS.

Karmann-Rheine GmbH & Co. KG
Verkauf Sonderfahrzeuge
Birkenallee · Postfach 1665
4440 Rheine
Telefon (05971) 865-886/-887
Terlefax (05971) 865-959

KARMANN MOBIL

Basisfahrzeug:
Barkas 1,3 ltr. - 4 Zylinder-Viertakt-Ottomotor, 43 kW, Benzinausführung, wassergekühlt, Frontantrieb

Komplettpreis incl. Aufbau: **39.985,00 DM**

Technische Daten:	
Tankinhalt	70 ltr.
Reifengröße	185 R 14 C - 6 PR
Bordspannung	12 V
Abmessungen und Gewichte:	
Fahrzeuggesamtlänge	ca. 4900 mm
Fahrzeughöhe	ca. 2700 mm
Aufbaubreite	ca. 2050 mm
Innenmaße (Wohnaufbau):	
Aufbaubreite	ca. 1950 mm
Aufbauhöhe	ca. 1950 mm
Alkovenhöhe	ca. 570 mm
Fahrzeug-Leergewicht	ca. 2000 kg
zulässiges Gesamtgewicht	ca. 2500 kg

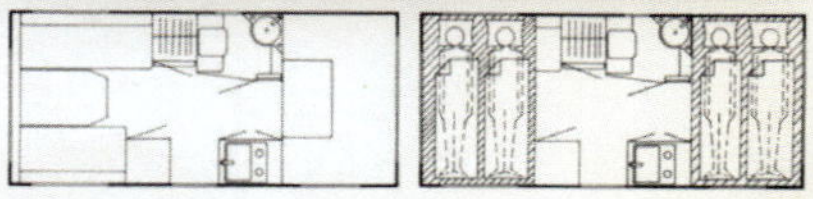

Alle vorstehend genannten Preise enthalten die derzeit gültige Mehrwertsteuer von 14% und sind als unverbindliche Preisempfehlung zu betrachten.
Erst der Kraftfahrzeugbrief weist Sie als Eigentümer Ihres Reisemobils aus.
Änderungen in der Konstruktion, in der Ausstattung sowie eine Gewichtsdifferenz von ± 5% behalten wir uns vor.

Das Wohnmobil befindet sich noch in der Entwicklungsphase; Änderungen, speziell zum Ausstattungsumfang, sind daher noch möglich.

Handel und Wirtschaft und für Behörden. Auch gebraucht – etwa als Basis für den Ausbau zum Wohnmobil – sind die Barkas kaum erhältlich. Einzig der Weg über Genex funktioniert auch hier. Barkas auf Campingplätzen bleiben aber eine Rarität.

Die Marktwirtschaft reagiert jedoch schnell auf den Barkas. Noch 1990, im Jahr der politischen Wende in der DDR, stehen zwei grundverschiedene Varianten westlicher Aufbautenhersteller als schmucke Wohnmobile zur Verfügung. 1988 hat der Barkas einen Viertaktmotor erhalten, der für ein mehr als zwei Tonnen schweres Wohnmobil allerdings zu schwachbrüstig ist – 58 PS aus 1,2 Litern Hubraum leistet der auch im Wartburg verwendete Benziner aus der bekannten Volkswagen-Lizenz. Der in dem großen Motorenprojekt noch in DDR-Zeiten angedachte Dieselmotor ist nie realisiert worden; einen solchen hätten die Barkas-Wohnmobile von Karmann und Westfalia aber gebraucht. Beide haben keine Chance, weder der Aufbau mit Schlafzelle über dem Fahrerhaus von Karmann, noch der mit einem Hochdach versehene „Camper" von Westfalia. Ohnehin wird die Barkas-Produktion bald darauf endgültig eingestellt.

In Belgien hat in den 1980er Jahren der Wartburg- und Barkas-Händler Olbrecht en Zonen ein Barkas-Wohnmobil mit Hochdach angeboten, für sagenhafte 7250 DM (ohne Mehrwertsteuer). Nicht ohne Erfolg vor Ort, für eine echte Camper-Karriere des Barkas hat das aber nicht gereicht.

Bastei

Der Bastei ist in der zweiten Hälfte der 1970er und in den 1980er Jahren die Alternative zum Intercamp – zumindest offiziell gibt es hier eine echte Konkurrenz unter Wohnwagen bis rund 600 kg Eigengewicht und einer Wohnfläche von rund 6,5 Quadratmetern. Starke Auswirkungen auf den Markt hat die Konkurrenzsituation allerdings nicht, weil die Stückzahlen des Intercamp immer sehr niedrig bleiben und die meisten Fahrzeuge ohnehin in den Westen exportiert werden. Der Bastei dagegen bringt es auf relativ hohe Stückzahlen, jedenfalls sind nach Zeitungsberichten bis 1982 gut 20.000 Einheiten erzeugt worden.

Der Bastei wird 1974 vorgestellt und ist hoch willkommen als größtmöglicher Wohnwagen für in der DDR erhältliche Zugfahrzeuge. Seine wahrhaft kubische Form bringt Platz, auf Gestaltungsmöglichkeiten des Äußeren verzichten die Konstrukteure des Karosseriewerkes in Rosenthal in der sächsischen Schweiz – zu diesem Zeitpunkt schon Bestandteil des Karosseriewerkes Dresden – aber weitgehend. Bei der Konstruktion des Fahrwerks haben sie sich für Stahlleichtprofile entschieden, die in den Oberbauboden integriert sind. Die Drehstabachse ist an die Bodenplatte angeschraubt, zwei Schwingungsdämpfer leisten hier ihre Arbeit. Vier Kurbelstützen sichern den abgestellten Caravan. Die Auflaufbremse arbeitet hydraulisch-mechanisch. Immer wieder ein Kritikpunkt am Bastei ist das Buglaufrad aus Hartgummi.

Wintercamping mit dem Bastei: Die Propangasheizung „Solar 3000" ermöglicht dem Campingfreund in der DDR ganz neue Möglichkeiten, auf die das Prospektblatt hier hinweist.

Der Bastei in Großserie: Als Typ 350 findet er die weiteste Verbreitung und rollt hinter Zugfahrzeugen wie Lada, Dacia oder Wartburg auf allen erreichbaren Wegen. Das Bild stammt vom Prospektblatt.

Die Wände und die Bodenplatte des Oberbaus bestehen aus je zwei Kunststoffplatten, die an einem Holzrahmen mit Polysterolschaum verklebt sind. Das Dach hat zwei glasfaserverstärkte Polyesterplatten, zwischen denen sich eine Luftschicht befindet. Vier Fenster lassen Licht in den Wohnwagen, die an der Vorder- und Rückwand sind ausstellbar. Die Tür ist zweiteilig ausgeführt, wenn auch ohne Fenster. Ein großes Plus des Bastei stellt die ab etwa 1980 lieferbare Propangasheizung dar. Sie nennt sich „solar 3000“ und erhält ihre Energie aus derselben Flasche, die auch den Kocher speist. Dem Werk ist diese Neuerung ein eigenes Prospektblatt wert – Wintercamping hat durchaus seine Anhänger.

Das kantige Design des Bastei lässt kaum Gestaltungsmöglichkeiten zu, es bleibt die farbliche Absetzung, von der es beim ersten Modell zwei verschiedene Varianten gibt. Allein eine leichte Abkantung des Daches verbessert den Luftwiderstandbeiwert etwas – gerade die zwei Aspekte des Aussehens und der (überhaupt nicht gegebenen) Windschlüpfigkeit sind immer wieder Gegenstand von Kritik in den beiden Fachzeitschriften „Kraftfahrzeugtechnik“ und „Der Straßenverkehr“.

VEB IFA-Karosseriewerke
8016 Dresden
Arnoldstraße 16 - 24
Deutsche Demokratische Republik

Exporteur:
Union
Außenhandelsbetrieb mbH
für Metallwaren und Sportartikel
DDR - 108 Berlin
Wilhelm-Külz-Straße 46

DEWAG Dresden
Fachkollektiv Fahrzeugbau
Foto und Fotoregie:
Czerny, Titel Reinecke

Augenfällig rückt die Prospektabbildung den Vorzug der hochklappbaren Bugscheibe ins Bild – ein wichtiges Detail im Campingalltag.

Technische Daten:

Gesamtlänge	4587 mm
Aufbaulänge i. L.	3500 mm
Gesamtbreite	2000 mm
Aufbaubreite i. L.	1900 mm
Gesamthöhe	2360 mm
Aufbauhöhe i. L.	1850 mm
Leermasse	~~500~~ kg 580
Nutzmasse	~~80~~ kg 120
zul. Gesamtmasse	~~650~~ kg 700
Bodenfreiheit	240 mm
Radstand	1530 mm
Bremse	hydraulische Auflaufbremse
Federung	Drehstabfederung mit Stoßdämpfer
Elektrische Anlage	12 V Bordspannung durch Zugfahrzeug 220 V Fremdeinspeisung
max. Geschwindigkeit	80 km/h

Konstruktionsänderungen vorbehalten!

654 III/29/5 775 20000 Y 665/75

Ein wenig besser steht in diesen Punkten der 1984 eingeführte Typ 390 da, eine gegenüber dem Typ 350 um 400 Millimeter auf 3900 Millimeter verlängerte Version. Sie hat eine abgeschrägte Bugwand, wenn man auch hier bei dem kantigen, vermutlich der Fertigungstechnik geschuldeten Erscheinungsbild bleibt mit Ausnahme der angepassten Dachform. Immerhin kann das Werk jetzt auch von einer aerodynamischen Form sprechen … Die bedeutende Verbesserung des Bastei 390 liegt natürlich im Platzgewinn im Bereich zwischen Bugwand und Tür. Damit bietet dieser Bastei vier Erwachsenen Platz für die Übernachtung, der Typ 350 dagegen nur für zwei Erwachsene und zwei Kinder. Auch er erhält zur selben Zeit die abgeschrägte Bugwand.

Als Wohnwagen für eine maximal vierköpfige Familie hat der Bastei 350 im Bug eine kleine Sitzecke mit der Umwandlungsmöglichkeit zu einem Schlafplatz und im Heck eine große Sitzecke mit drei Schlafplätzen. Dazwischen liegt gegenüber der Tür die kleine Küche. Neben der Tür ist Platz für den Kleiderschrank, der ab 1980 auch die dann eingeführte Propangasheizung aufnimmt. Die Möbel sind aus Holzfurnier und machen zusammen mit den Vorhängen in Beige und den roten Polstern einen gemütlichen Eindruck. Das gute Raumgefühl ist das

Plus des Bastei, verstärkt noch durch die weit ausstellbaren und recht großen Fenster in Heck und Bug. Das komplett hochstellbare Oberlicht lässt die Luft besser zirkulieren. Bis zum Bastei 350 mit abgeschrägter Bugwand gibt es fast keine Weiterentwicklungen, Kleinigkeiten wie eine neue Verkleidung für die Gasflaschen, geänderte Radlaufverkleidung oder zusätzliche Lüftungsschlitze gehören dazu – eingeführt beim Bastei I genannten Modell im Jahre 1981.

Späte Weiterentwicklung

Einen weiteren Entwicklungsschritt schaffte das Karosseriewerk Dresden, wenn auch spät, mit dem Bastei 351, vorgestellt auf der Leipziger Herbstmesse 1986. Bezeichnend für die desolate wirtschaftliche Situation zu dieser Zeit ist der neue Wohnwagen zunächst nur für den Export (in den Westen) bestimmt – ab 1988 ist er dann auch im Binnenhandel erhältlich. Vom 350 unterscheidet er sich in der V-förmigen, feuerverzinkten Deichsel – sie macht den Wohnwagen um 422 Millimeter länger – und vor allem in der mechanischen Auflaufbremse mit Rückfahrautomatik. Eine neue Drehstabfederachse und die leicht verbreiterte Spur erhöhen den Komfort. Als Sonderausstattung gibt es eine Rundsitzgruppe. Die Tür rückt ein kleines Stück nach hinten, so dass die Liegefläche im Bug größer wird (jetzt maximal 790 Millimeter). Dafür muss die Heckliegefläche etwas

Dieser Bastei 351 hat die DDR um mehr als 20 Jahre überlebt – Flaschenkasten und die Verkleidung des Radausschnittes fehlen zwar, der Wohnwagen ist aber noch voll einsatzfähig. Foto: Matthias Röcke

Das große Erlebnis
Sie finden es überall dort, wo die Natur noch natürlich ist. Wo Wiesen noch grün und voller Blumen sind und Vögel noch ohne Play-back singen.
Natur pur, das sind tausend abenteuerliche Pfade reiner Erholung.
Für Sie als moderner Mensch ist der Weg in die Natur so einfach: Ihr Pkw fährt Sie mit Familie und Zweitwohnung an jedes Ziel. Pkw und Familie haben Sie schon. Fehlt also die Zweitwohnung.
Diese bieten wir Ihnen mit dem IFA-BASTEI 350
Ihr wirtschaftlicher Caravan für das große Erlebnis.
Damit Sie sich ganz auf die Erlebnisse unterwegs konzentrieren können, haben die Techniker von IFA profunde Technik in Ihren Caravan BASTEI 350 gepackt:
● Seine aerodynamische Form senkt den Kraftstoffverbrauch Ihres Zugfahrzeuges
● Sein Fahrwerk ist robust und in jeder Situation spurtreu
IFA
BASTEI
350

Ton in Ton, innen und außen – die Konstrukteure des Bastei bemühen sich um Eleganz im und am Wohnwagen

abgeben. Das Küchenfenster ist nun ausstellbar. Farblich ist der 351 wie schon der 350 innen und außen in Braun und Beige gehalten.

Die Herstellung im relativ kleinen und verwinkelten Werk besteht aus zwei zentralen Arbeitsstationen. Am so genannten Aufbaublock werden die Seitenwände einzeln mit der Bodenplatte verbunden, ehe das Dach montiert wird. Zweiter wichtiger und zeitaufwändiger Schritt ist die Innenraummontage. Danach wartet der Aufbau auf der Montagetaktstraße auf die drei technischen Elemente Achse mit Federung und Stoßdämpfern, Bremsanlage (Hauptbremszylinder mit Hebelübersetzung für die Auflaufbremse) und Anhängevorrichtung. Rund 2500 Wohnwagen im Jahr dürften produziert worden sein, rund 55 in der Woche. Er kostet in der DDR rund 15.000 Mark.

Parallel zum Wohnwagen baut das Werk auch den Verkaufswagen. Auch als VK 351 verzichtet er, da mit ihm nur kurze Strecken zurückgelegt werden und es noch mehr auf Praktikabilität als im Wohnwagen ankommt, auf die abgeschrägte Bugwand. Er hat ein großes, weit ausstellbares Verkaufsfenster und auf der linken Wand Regale, die Tür ist hinten auf der rechten Seite.

Die Baureihe der Bastei-Wohnwagen – die Bezeichnung erinnert an die berühmte Felsformation in der Sächsischen Schweiz, der Heimatregion des Herstellerwerkes – geht im Ursprung auf eine Konstruktion der früheren Firma Nagetusch in Dresden zurück. Allerdings kamen die Verwerter des technischen Erbes von Nagetusch offenbar anfangs nicht gut zurecht, der seinerzeit noch unabhängige VEB Karosseriebau Rosenthal begnügte sich zunächst mit kleinen Stückzahlen. Dennoch macht der Bastei schließlich seinen Weg.

Mindestens so wichtig wie Länge, Breite und Höhe des Wohnwagens ist die Grundfläche und ihre Aufteilung. Der Bastei hat da Einiges zu bieten, wie der Prospekt erzählt.

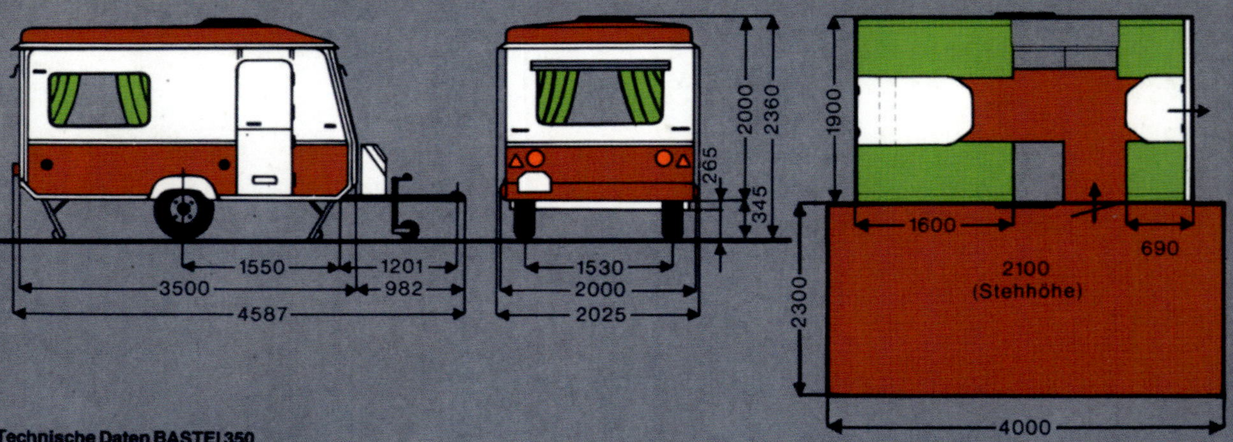

Technische Daten BASTEI 350

Maße und Gewichte	
Gesamtlänge	4587 mm
Gesamtbreite	2025 mm
Gesamthöhe	2360 mm
Aufbaulänge	3500 mm
Eigengewicht	560 kg
zul. Gesamtgewicht	800 kg
Zuladung	240 kg

Innenmaße	
Länge	3450 mm
Breite	1900 mm
Höhe	
(mittl. Stehhöhe)	1850 mm
Liegefläche vorn	1900 mm × 700 mm
Liegefläche hinten	1900 mm × 1605 mm
Querlieger für 3–4 Personen	
Bodenfreiheit	265 mm
Deichsellast	max. 50 kp
Federung	Drehstabfederung
Bereifung	155 R 13 oder 6.00–13
Elektrische Anlage	12 V vom Zugfahrzeug
	220 V Fremdeinspeisung
Geschwindigkeit max.	100 km/h

Zum nachträglichen Einbau eines Kühlschrankes 68 l und eines Hängebettes im Bug sind alle Vorbereitungen getroffen.

Änderungen in Konstruktion und Ausstattung vorbehalten!

Das Bastei macht etwas her – deshalb erhält er auch im aufwändig gemachten Fahrzeugkatalog „25 Jahre DDR" eine eigene Seite.

Camptourist

Ideale lassen sich in der Regel nicht verwirklichen, nur eine Annäherung an sie ist möglich. Mit dem Zeltanhänger Camptourist ist der Fahrzeugindustrie der DDR eine solche Annäherung tatsächlich gelungen: Schlafen auf festem Boden mit Abstand zur feuchten Wiese, Platz genug für insgesamt sechs bis (in der Theorie) acht Personen, und die wichtigsten Campingutensilien samt kleiner Kücheneinrichtung in guter Ordnung verstaut, vor Ort und unterwegs – so lassen sich die Vorteile des in der DDR weit verbreiteten Zeltanhängers verschiedener Baujahre beschreiben. Bei den meisten Modellen vervierfacht sich die Grundfläche des Anhängers durch dessen Ausklappen und das

Die vier Etappen des Aufbaus eines Camptourist werden hier in der Prospektdarstellung bildlich erklärt.

dazugehörige Vorzelt. Natürlich ist bei schlechtem Wetter und in kalten Jahreszeiten ein Wohnwagen die weit bessere Lösung, wer aber generell nichts gegen das Zelten hat, ist mit dem Camptourist gut bedient. Auf diesem Feld war der Fahrzeugindustrie der DDR wirklich ein Spitzenprodukt gelungen.

Vor allem die vielen Eigner eines Trabant haben in dieser Konstruktion des VEB Fahrzeugwerk Olbernhau die Ideallösung für ihren Urlaub gesehen. Nur 320 Kilogramm Eigengewicht in der gebremsten und 300 kg in der ungebremsten Ausführung (Typ CT 6-2W Mitte der 1980er Jahre), immerhin 180 beziehungsweise 200 kg Zuladung, wenig Benzinmehrverbrauch wegen der niedrigen Bauweise und gute Laufeigenschaften sind unübersehbare Vorzüge. Damit ist die ungebremste Version zwar ge-

Der Camptourist ist ausgeklappt, das Zelt aufgebaut – nun ist es Zeit für den ersten Imbiss am Urlaubsziel.
Foto: Prof. Dr. Hans-Peter Schwerg

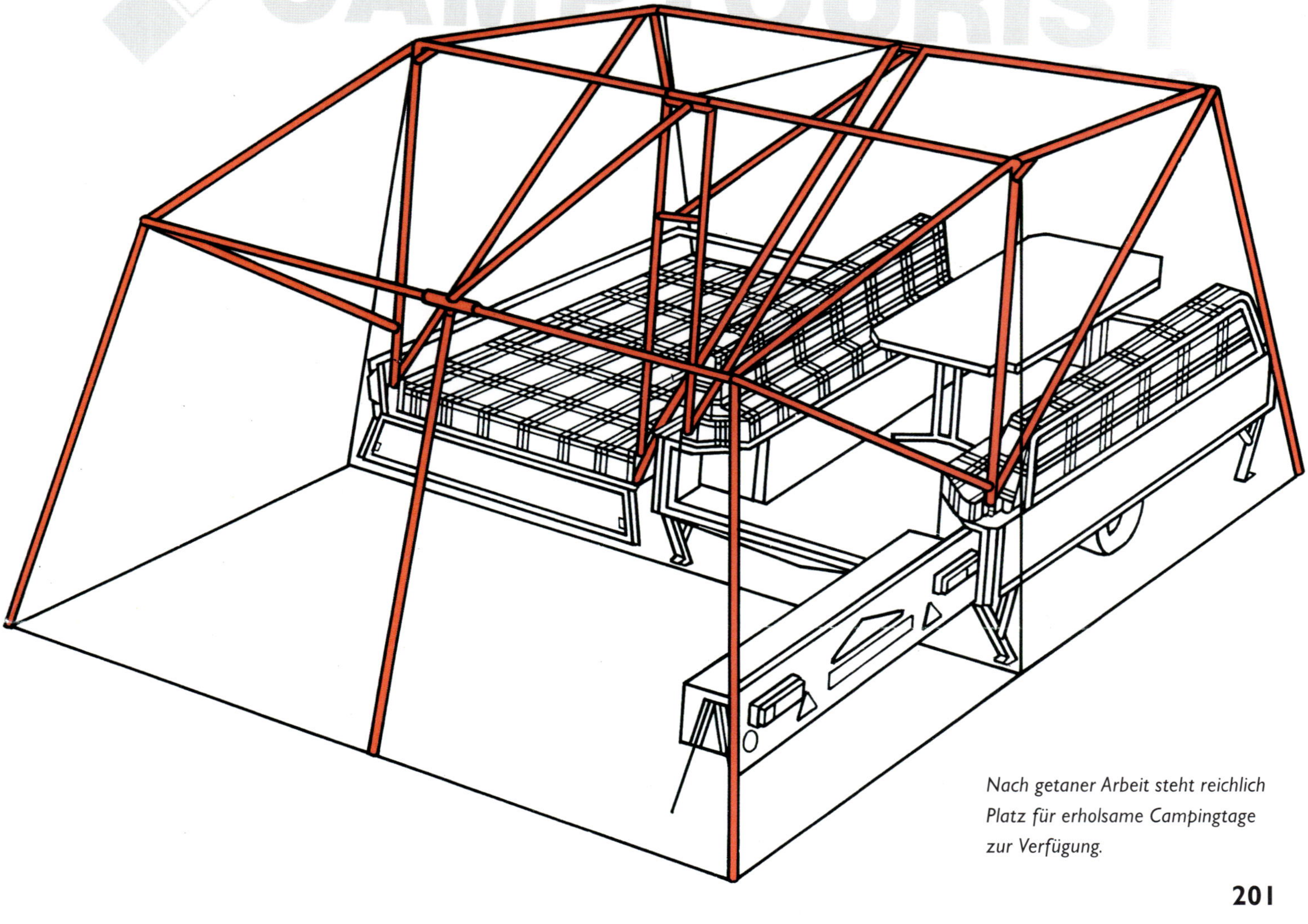

Nach getaner Arbeit steht reichlich Platz für erholsame Campingtage zur Verfügung.

CAMPTOURIST
CT 6 - 2

Moderne Zeiten: Die Errungenschaft des Camptourist muss gleich im Bild festgehalten werden. Wie hier im Prospekt werden es viele Nutzer getan haben, auch wenn nicht alle eine Fotokamera vom Typ Mamiya RB67 mit Prismenaufsatz und Handgriff zur Verfügung hatten.

Minimale Abmessungen beim Fahren – entfaltete Räumlichkeit zum Wohnen, diese Forderung an einen Campinganhänger erfüllen wir: Beim CT 6-2 sind Zeltbahnen und Gestänge zweifach zusammengelegt (etwa wie eine Serviette) – beim Aufklappen wird die Anhängergrundfläche vervierfacht. Vorteil: In etwa 3 Minuten haben Sie das komplette Hauszelt mit bezugsfertiger Ausstattung aufgebaut, denn die Schaumstoffauflagen beider Liegeflächen sind so montiert, daß mit dem aufgestellten Zelt vier schlaffertige Liegestellen entstehen.
Der CT 6-2 steht mit seinen Qualitäten zwischen Leinwandvilla und mobilem Caravan. Und er vereint von beiden das Beste: Frischluftatmosphäre und Geräumigkeit moderner Großzelte mit dem Ausstattungskomfort der Campinganhänger mit festem Aufbau.

Ferien auf der Campingplatzwiese – das typische Urlaubsdomizil der Camptourist-Nutzer – einschließlich Vorzelt.
Foto: Dr. Walter Petzholdt

nauso schwer wie der ungebremste Wohnwagen QEK Junior, beim gebremsten Zeltanhänger werden aber 40 Kilogramm weniger fällig. Und das Vorwärtskommen ist mit dem flachen Zeltanhänger ohnehin viel einfacher. Ein weiterer Vorteil: Ist die Garage breit genug, lässt er sich neben dem Pkw „hochkant" auf der Seite liegend, verstauen.

Fahrwerksmäßig ist der Camptourist für alle Anforderungen gut gerüstet. Zentralrohrrahmen und Querträger bilden die Grundlage, Einzelradaufhängung der an Dreieckslenkern geführten Räder, eine Querblattfeder über der Achse, die von Teleskopstoßdämpfern unterstützt wird – damit und auch dank der günstigen Spurbreite von 1070 Millimetern bleibt der Zeltanhänger zuverlässig in der Spur. Sein Clou liegt in der Nutzung des Anhängerbodens und des aufgeklappten Deckels. So entsteht eine stattliche Grundfläche. Das Zelt ist für den Transport im Deckel fest verstaut. Vor Ort lässt es sich quasi aufklappen. Die Übernachtung für vier Personen ist damit gesichert, bei den größeren Modellen bis zu acht. Das Zeltgestänge ist so konstruiert, dass keine Zeltstangen den freien Raum einengen, sowohl auf der Fläche über dem Anhängerboden als auch im reinen Zeltbereich. Ist alles fertig, steht die doppelte Fläche zur Verfügung, etwa zur Hälfte auf Mutter Erde am Heck des abgestellten Anhängers. Hier ist auch der Eingang platziert.

Die Zeltanhänger werden (mindestens seit den frühen 1980er Jahren) in einer einfachen und einer Luxusvariante angeboten. Luxus heißt hier Spülbecken, Innenkabine mit Schaumstoffauflagen, abnehmbarem Küchenteil sowie Gardinen mit einer aufrollbaren Giebelwand. Außerdem gehört dann das Vorzelt zum Lieferumfang. Der Fußbodenbelag und das Wertefach gehören schon in der einfachen Ausführung zur Serienausstattung, die Küche ist hier fest montiert.

Dem überzeugten Camper fehlt es prinzipiell an nichts im Camptourist. Die Anhängerkonstruktion bietet genügend Möglichkeiten, die notwendige Einrichtung und Ausrüstung unterzubringen. Die Küche mit zweiflammigem Propangaskocher, Plastikwaschbecken und Ablagefach steht in der Rückwand des Anhängers, Sitztruhen aus Holz einschließlich eines abschließbaren Wertefachs und weiteren Staumöglichkeiten sind auf dem Boden montiert. Sie bilden zusammen mit dem Einlegeteil auch die Liegefläche. Dieses Mittelteil lässt sich herausnehmen und zum transportablen Campingtisch umfunktionieren. Die Zeltkonstruktion der jüngsten Ausführungen erlaubt das Anbringen von Gardinen. Mitgeliefert wird auch ein Garderobenstab. Die Gardinen gehören zum Serienumfang der Luxusausstattung wie auch der Fußbodenbelag, Heringe und Sturmleinen sind stets dabei.

In den 1980er Jahren umfasst das Angebot an Camptourist (dafür steht das CT in der Typbezeichnung) vier ähnlich große, aber verschieden ausgelegte Grundversionen. Der CT 5-3 bietet Raum für drei bis vier Personen bei einer Länge mit Deichsel von 3110 Millimetern und einer Grundfläche des Hauptzeltes von 4500 mal 2000 Millimetern. Ungebremst sind es je nach Ausstattung 305, 325 und 340 kg, gebremst zwischen 325 und 360 kg Eigengewicht bei einem Gesamtgewicht von 500 kg. Kennzeichen des CT 5 ist die fest montierte Küche im Heck des Anhängers. Dadurch entsteht, im Gegensatz zu den anderen Typen, eine asymmetrische Aufteilung des Innenraums. Die sich an die Kücheneinheit anschließende Liegefläche – zur Hälfte tagsüber Sitzecke – ist für maximal drei Personen eingerichtet, sie liegen in „Fahrtrichtung". Eine vierte Person findet Platz in einer separaten Liege am äußeren Rand des Vorzelts, außerhalb des eigentlichen Anhängers.

Der CT 6 unterscheidet sich vom CT 5 in der durchgehenden Liegefläche im Anhängerbereich. Um sie einzurichten, muss die mittig plat-

Für Eleganz auf dem Campingplatz sorgen die beiden Damen und das Wartburg-Campifix-Gespann.
Abbildung: Prospekt

CT 6-2 Standard-, Normal- und Luxusausführung (gebremst)

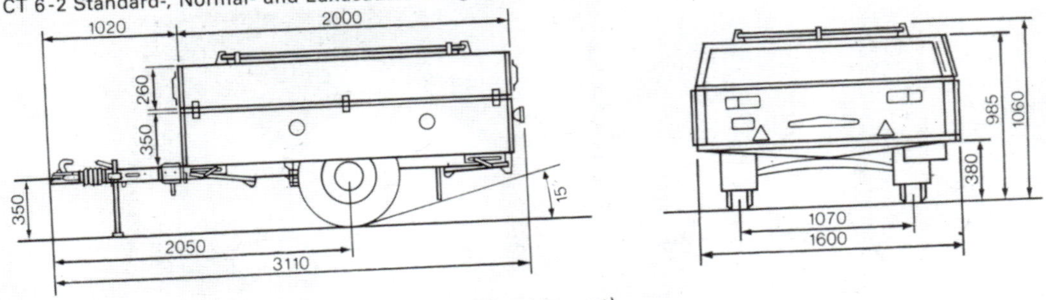

CT 6-2 Standard-, Normal- und Luxusausführung (ungebremst)

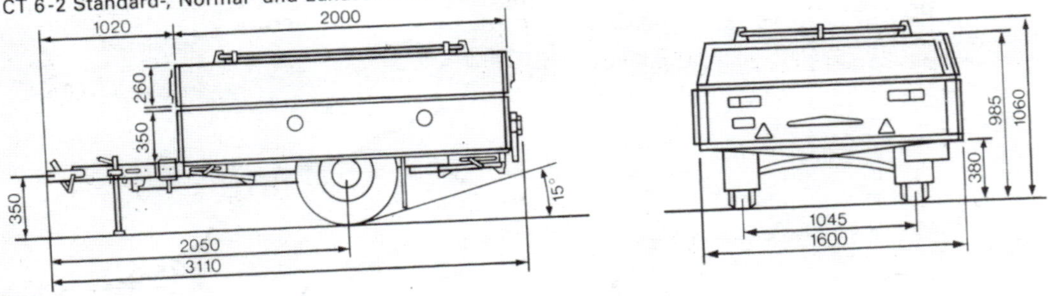

Technische Daten

CT 6-2		Standard	Normal	Luxus
Eigenmasse ungebremst		300 kp	305 kp	320 kp
Eigenmasse gebremst		320 kp	325 kp	340 kp
Nutzmasse ungebremst		200 kp	195 kp	180 kp
Nutzmasse gebremst		180 kp	175 kp	160 kp
zulässige Gesamtmasse		500 kp	500 kp	500 kp
Grundfläche Hauptzelt	2300 mm × 3250 mm			
Grundfläche Vorzelt	2300 mm × 3250 mm			
maximale Stehhöhe	2300 mm			
minimale Stehhöhe	1800 mm			
Bereifung		5.20 × 13	5.20 × 13	5.20 × 13
Liegefläche I	2000 mm × 1500 mm			
Liegefläche II	1850 mm × 1400 mm			

Technische Änderungen vorbehalten!

„Gebremst und ungebremst" – wichtige Informationen aus dem Prospekt zum Intercamp vor allem für Trabant-Fahrer

zierte Sitzecke umgebaut werden. Hier und bei den beiden Typen CT 7 und CT 8 kann die komplette Fläche über dem Anhängerboden von vier Erwachsenen zum Schlafen genutzt werden, weil die Kücheneinheit sich zur Seite ausklappen lässt. Der CT 6 verfügt über eine Grundfläche von knapp 15 m². Der CT 5 und der CT 7 bringen es auf gut 18 m², der CT 8 als kleinster auf nur 9,3 m². Im größeren CT 7 entsteht dadurch noch Platz für drei (schmale) Schlafplätze zwischen den Liegen, sieben Personen können also (zumindest theoretisch) unterkommen. Eine weitere Besonderheit des CT 7: Er hat keinen starren Deckel, sondern eine Plane. Sie spart Gewicht und erlaubt auch das Verstauen von etwas sperrigen Gegenständen. Die nutzbare Fläche beim CT 8 ist von der verwendeten Zeltgröße bestimmt. Er ist für zwei Personen gedacht. Die drei Ausstattungslinien Standard, Normal und Luxus unterscheiden sich durch die aufrollbaren statt festen Giebelbahnen des Zeltes und durch verschiedene Fußbodenbeläge; bei der Luxusausführung zusätzlich durch den herausnehmbaren Küchenteil und eine Abtrennung im Wohnbereich.

Zum Leidwesen der Kaufinteressenten im eigenen Land bleiben CT 5 und CT 7 lange Zeit vorrangig dem Export in den Westen vorbehalten, zu ihrem Standard-Camptourist wird der CT 6. Der 1972 eingeführte Zeltanhänger erfährt kleinere, aber durchaus wirksame Weiterentwicklungen. So wird um 1975 das Gestänge der Zeltkonstruktion so geändert, dass sich die Konstruktion beim Ausklappen selbsttätig aufrichtet, eine wesentliche Erleichterung beim Aufbau. Es folgt zwei Jahre später die automatische Rückfahrsperre für die Anhängerbremsanlage. Mit dem Typ CT 6-2 von 1978 erfährt das Zelt eine erneute Vereinfachung in der Bedienung. Es ist zweifach zusammen gelegt und lässt sich jetzt im ersten Schritt in Querrichtung und im zweiten Schritt in Längsrichtung aufklappen. Als CT 6-2W (Weiterentwicklung) aus dem Jahre 1985 erhält der Zeltanhänger ein neues Vorzelt mit Eingang auf der Giebelseite und einem seitlichen, großen Fenster.

Doppelt praktisch: Der Intercamp eignet sich ideal für die kurze Rast unterwegs und …

Einer der Ersten: Der Campifix, zugeschnitten auf Zugfahrzeuge in der Größe des Wartburg, lockt schon in den 1960er Jahren die Urlauber zu neuen Freiheiten – unter anderem mit diesem Prospektbild.

Die ersten Wohnzeltanhänger aus Olbernhau im Erzgebirge stammen aus dem Jahr 1964 und sind für den Wartburg 1000 und andere Fahrzeuge der seinerzeitigen Mittelklasse konzipiert. Als Wohnanhänger Campifix und Klappfix haben sie schon das Prinzip der späteren Modelle umgesetzt. Allerdings ist der Aufbau, wie man den Prospektbildern entnehmen kann, doch von weit mehr Handgriffen geprägt als später – es geht hier noch zu wie beim konventionellen Zeltaufbau. Aber Platz für acht Personen ist bereits vorhanden. Schon bald wird der Klappfix Camptourist genannt, er wiegt zunächst 310 kg, dann 300 kg bei einem zulässigen Gesamtgewicht von 400 kg, der Campifix 230 kg bei 300 kg Gesamtgewicht.

… bietet außerdem eine komfortable Fahrt dank der geringen Bauhöhe des Zeltanhängers. Abbildungen: Prospekt

Rhön Universal

Unerwartet erfährt das ohnehin schon recht reichhaltige Angebot an Zeltanhängern in der DDR im Jahre 1988 noch einmal eine Erweitung nach unten. Nicht das Werk in Olbernhau ist der Urheber des Rhön Universal, sondern der VEB Bergwerksmaschinen Dietlas in Thüringen, ansonsten befasst mit mobilen Bergbaugroßgeräten. Auf der Suche nach dem obligatorischen Konsumprodukt sind die Ingenieure auf etwas Kleinteiliges gekommen und haben einen Last-Zelt-Anhänger auf die Räder gestellt. Er ist einfacher, kleiner und leichter (Eigengewicht 270 kg, Nutzlast 130 kg) als der Camptourist, dafür schnell umrüstbar auf einen reinen Lastenanhänger. Das geht übrigens beim Camptourist auch, ist aber ein größeres Vorhaben, bei dem unter anderem mehrere Dutzend Schrauben zu lösen sind.

Knapp drei Quadratmeter Grundfläche bietet der Anhänger, bei aufgebautem Zelt – der Deckel wird dabei nach hinten geklappt – entsteht eine Fläche von 5,7 m^2. Der Anhängerboden ist dabei als Liegefläche und der aufgeklappte Deckel als Stehfläche vorgesehen. Gedacht ist der Rhön Universal für zwei Erwachsene und maximal ein Kind und nicht für den Daueraufenthalt, für den man doch mehr Platz in Wagen und Zelt benötigt. Es ist vielmehr ein Campinganhänger für die etappenreiche Fahrt, bei der schneller Auf- und Abbau zählen und die Camper sich für eine Nacht gar nicht erst ausbreiten wollen. Für den Trabant geeignet ist er mit 400 kg Gesamtgewicht ohnehin, und der Preis von 4065 Mark liegt rund 2000 Mark unter dem des einfachsten Camptourist. Der Aufbau besteht aus lackiertem Blech und ist auf das einfache Fahrgestell aufgeschraubt. Die Räder sind einzeln aufgehängt und mit Gummielementen gefedert. Wie alle Zeltanhänger und Lastenanhänger kann auch der Rhön Universal seitlich gekippt in der Garage abgestellt werden. Offenbar ist der Rhön Universal ein durchdachtes Nischenprodukt, dem allerdings kein langer Erfolgsweg mehr beschieden war, weil sich die allgemeinen Verhältnisse schon bald grundlegend ändern sollten.

Das Konsumprodukt des VEB Bergwerksmaschinen: Der Klappzeltanhänger Rhön Universal ist gut durchdacht, kommt aber zum falschen Zeitpunkt auf den Markt – ein Ausriss aus „Der deutsche Straßenverkehr".

Dachzelt für den Trabant

Auch wenn diese ganz besondere Art des Trabant-Einsatzes ohne zusätzliche Achse im Schlepp auskommt, soll das Dachzelt hier nicht unerwähnt bleiben, zeigt es doch ein Stück notwendiger Improvisation. Camping ist eben noch rationeller, wenn man keinen extra Zeltplatz oder Stellplatz braucht. Das kann auch schon für einen Rastplatz oder Parkplatz gelten.

Gerhard Müller aus Limbach-Oberfrohna in Sachsen hat die Idee des Dachzeltes umgesetzt. Aus handelsüblichem Vierkantstahl baut er in jenen Jahren das Gestell und belegt den Boden mit Holzspanplatten. Darauf kam eine Schaumstoffmatte. Die Konstruktion ruht auf dem Autodach auf acht Stützen mit Gummifüßen und wog mit Zelt 40 Kilogramm. Beim Kombi Trabant Universal erleichtert eine kleine Leiter, während der Standzeiten am Heck angebracht, das Betreten des für zwei Personen ausreichend großen Zeltes. In nur 90 Sekunden soll es „bezugsfertig" sein. Das Zeltdach selbst bezieht der Tüftler vom industriellen Hersteller VEB Zeltbau, der es auf Maß produziert. Zunächst reagiert die staatliche Wirtschaftslenkung sehr argwöhnisch, 1978 kann Gerhard Müller seine Konstruktion dann doch zum Patent anmelden, was einer Genehmigung gleichkam. Die kleine Firma fertigt jährlich nach Überlieferung wohl rund 120 bis 130 solcher Dachzelte, Interessenten müssen rund drei Jahre warten – nicht unbedingt viel im Vergleich zu anderen Wartezeiten.

Die Zeitschrift „Der deutsche Straßenverkehr", die bereits im September 1976 das Dachzelt vorgestellt hatte, berichtet in Heft 2/88 von rund 800 bis dahin allein in der DDR ausgelieferten Exemplaren, inzwischen auch abgestimmt auf andere Fahrzeugtypen bis hin zum Transporter Barkas 1000. Es sind also offenbar auch viele Dachzelte in die sozialistischen Nachbarländer exportiert worden. Tatsächlich war die Idee von Gerhard Müller nicht ganz neu. In einem um das Jahr 1956 erhältlichen Sonderheft der Zeitschrift „Deutscher Export" mit dem Titel „Kraftfahrzeuge und was dazu gehört" ist ein Auto-Camping-Zelt des VEB Bautzener Lederwarenfabrik abgebildet, montiert auf einem Wartburg 311. Hier dient ein handelsüblicher Gepäckträger als „Fundament". Während diese Konstruktion offenbar bald wieder verschwindet, schreibt das Dachzelt von Gerhard Müller ein kleines Kapitel Kulturgeschichte.

Eine geniale Mischung aus Zelt und Wohnwagen stellt das legendäre Dachzelt auf dem Trabant dar – hier auf einer nostalgischen Nachwendeaufnahme mit einem Trabant P 50.

Friedel

Ganz fremd muss es ja nicht sein, wenn ein Betrieb für Transport- und Fördergeräte einen Wohnwagen herstellt. Dass der VEB dieses Namens aus Döllstädt, in erster Linie mit Industrieanlagen befasst, den Wohnwagenmarkt in der DDR mit seinem „Friedel" bereichert, ist vermutlich allein der Order geschuldet, nach der Großbetriebe auch Konsumgüter anzubieten haben. So erscheint um 1967 der Friedel und bleibt in Produktion, bis 1990, also kurz vor Toresschluss für die DDR, noch ein moderner Nachfolger vorgestellt wird. Fertigungsstätte ist der Betriebsteil Campinganhänger in Großfahner bei Gotha.

Friedel I

Weil der Friedel über die lange Produktionszeit in die Jahre gekommen ist, bleibt er als etwas altertümlich in Erinnerung. Bei seiner Premiere mag das Design durchaus als modern gegolten haben, streng nach geometrischen Grundformen ausgerichtet wirkt es aber wie eine übertrieben konsequente Interpretation der seinerzeit gerade in Mode kommenden Trapezform. Die Bugwand läuft in der Mitte spitz zu, die Heckwand steht dagegen schräg vom Wagenkörper ab und bildet eine für die Aerodynamik sicherlich günstige Abrisskante. Auf der Türseite bewirkt eine vorn und hinten abgerundete Zierleiste, die in die „Bauchbinde" mündet, einen ungewöhnlichen stilistischen Kontrast. Aber um einen Designpreis wird sich der Friedel auch nie beworben haben, die Bauform erweist sich dafür als günstig für die Raumausnutzung und das Raumgefühl, weil nämlich die nach hinten abstehende Heckwand die Kopffreiheit erhöht.

Gemessen am Dach bringt es der Friedel auf eine Grundfläche von 6 m^2, am Fußboden gemessen ist es etwas weniger. Zum Lieferumfang gehört auch ein Vorzelt, das noch einmal sechs Quadratmeter Fläche bietet.

Original erhalten ohne spätere Restaurierung: der Friedel I von Beate und Ingolf Schöne aus Holthusen. Das Dach ist aufgestellt, das Fenster weit geöffnet, das muss ein schöner Tag werden …

Foto: Ingolf Schöne

In der Campingszene erobert sich der Friedel schnell einen guten Ruf, wenn auch aufgrund der geringen Stückzahlen nur bei Kennern. Vor allem seine Strapazierfähigkeit, solide Bauweise und die schon früh umgesetzte Isolierung wird geschätzt. Auch mit einer Zuladung von 70 Kilogramm bei einem Eigengewicht von 480 Kilogramm lässt sich leben.

Die geringe Bauhöhe des Fahrzeugs von 2105 Millimetern hilft den Mehrverbrauch an Kraftstoff zu senken, innen gleicht ein Hubdach in der vorderen Hälfte des Daches den fehlenden Platz wieder aus. Auf der fast quadratischen Liegefläche können drei Erwachsene ruhen, wenn ihnen das Maß von 1850 Millimetern nicht zu klein ist. Küche und Schrank befinden sich gegenüber der Tür. Die Isolierung des Wohnwagens macht ihn laut Prospekt wintertauglich.

Eine weich ansprechende Drehstabfederung sorgt für gute Fahreigenschaften des Fahrgestells, das ansonsten aus einem Rahmen mit U-Profilen besteht. Kern des Aufbaus ist ein Holzgerippe, das mit Aluminium beplankt ist. Zur Isolierung wird Polystyrolschaum verwendet. Für die Verwendung von Holz liegt das Gewicht erstaunlich niedrig, in einem frühen Prospekt ist es sogar mit nur 420 Kilogramm angegeben. Mit 16.000 Mark ist der Friedel, gemessen an seiner Größe, relativ teuer. Die frühen Modelle glänzen noch mit Möbeln aus Holz, später kommt Kunststoff zum Einsatz. Eine der wenigen Weiterentwicklungen betrifft das Zugrohr, es wird gegen eine A-förmige Gabel ersetzt. Kenner sehen ein frühes Baujahr auf den ersten Blick am durchlaufenden roten Streifen, später ist die „Bauchbinde" blau.

„… für den verwöhnten Campingfreund" – dem Werbespruch auf dem Friedel-Prospekt können die Friedel-Nutzer im Prinzip zustimmen.

Angekündigt und dann kaum noch irgendwo gesehen: Friedel 2 aus dem Jahre 1990 – hier ein Ausriss aus „Der deutsche Straßenverkehr".

Friedel 2

An sich hat der Friedel-Hersteller mit der Entwicklung seines neuen Wohnwagens – wenn auch unfreiwillig – den richtigen Zeitpunkt erwischt. Ende 1989, mitten in die Ereignisse der politischen Wende in der DDR hinein, geht die Neuheit aus Thüringen in Serie. Ein größerer und modernerer Wohnwagen, der bessere Überlebenschancen in der bald gültigen Marktwirtschaft garantieren würde als der bewährte, aber doch in der Konstruktion mehr als 20 Jahre alte Friedel 1. Es wird aber nichts aus dem Wechsel in die neue Zeit, die Firma hat nur noch wenige Monate vor sich.

Schon die ausführliche Beschreibung in „Der deutsche Straßenverkehr" in Heft 4/90 lässt die veränderten Verhältnisse spüren, denn Autor Wolfram Riedel gibt dem Hersteller am Schluss seiner positiv ausgefallenen Beschreibung den offenen Ratschlag: „Das Verkaufen werden Anhänger- wie Autohersteller in unserem Lande wohl erst zu lernen haben …" Damit spielt der renommierte Autotester und Wohnwagenspezialist auf die zurückhaltende Gestaltung des neuen Wohnwagens an, was Grundfarbe, Schriftzug und andere Details betrifft. Friedel 2 ist länger und breiter als die Erstausgabe (4750 Millimeter statt 3210 in der Länge und 1950 statt 1870 Millimeter in der Breite), rollt also eine Klasse über dem für drei Erwachsene entwickelten Friedel 1; der Neue bietet Platz für bis zu vier Erwachsene. Das Hubdach ist geblieben, die Stehhöhe um 50 Millimeter angewachsen. Auch die spitz zulaufende Form der Bugwand findet sich wieder, wenn auch in einer etwas anderen, eleganter wirkenden Aufteilung. Vorbei ist die ungewöhnliche Abrisskante über einer schräg stehenden Heckwand, der neue Wohnwagen hinten wie vorn in der Flächenaufteilung gleich gestaltet.

Das Leergewicht von 540 und das zulässige Gesamtgewicht von 700 Kilogramm – diesmal ist eine realistische Zuladung angegeben – ordnet den neuen Friedel einer Gruppe von Zugfahrzeugen zu, die das übliche Pkw-Angebot in der DDR gerade noch einbezieht, beginnend beim noch jungen Viertakt-Wartburg 1.3 und den Lada-Typen. Möglicherweise hatten die Konstrukteure auch Devisen bringenden Export im Sinn, als sie den neuen Friedel auflegen. Bei der Beplankung kommen jetzt statt der Aluminium-Haut Platten aus Aluminium zum Einsatz, was die Isolierung verbessern soll. Noch wird der Preis in Mark der DDR angegeben – mit 22.390 fällt er recht hoch aus –, ein richtiger Start gelingt mit dem Friedel 2 unter den sich ständig ändernden Umständen der Wendemonate aber nicht mehr. Auf den Straßen der DDR und später in der Campingszene der Wohnwagenfreunde ist der Friedel 2 kaum einmal aufgetaucht, die Stückzahl dürfte marginal geblieben sein.

Detailgetreu: Die Sitzecke sogar mit den originalen Sitzauflagen. Mit wenigen Handgriffen …

… sind die wertvollen Stauräume zugänglich …

… und dann die Liegefläche hergestellt.

Foto: Ingolf Schöne

Intercamp 344 und 440

Der Intercamp 355 ist bei seiner ersten Vorstellung im Jahre 1975 – da noch als Typ HS bezeichnet, nach den Konstrukteuren Jürgen Hunger und Hans Jürgen Schmidt – eine hochmoderne Konstruktion mit lang anhaltender Aktualität, was sich vor allem an zwei Merkmalen festmachen lässt: am Aufwand, der bei der Entwicklung mit dem Fahrwerk betrieben wurde und am selbsttragenden Aufbau. Der Intercamp ist der Spitzenwohnwagen aus DDR-Produktion, was ihm bei der Devisenknappheit der Planwirtschaft fast zwangsläufig die Rolle des Exportproduktes einbringt. Für viele Jahre gilt: Nur was der Westen – konkret die Bundesrepublik und die Niederlande – nicht abnehmen, kommt in den Binnenhandel.

Das Fahrwerk des Intercamp besteht aus einem verschweißten Leichtprofilrahmen und zwei in der Mitte durchlaufenden Hauptträgern. Zwei Stoßdämpfer und die Drehstabfederung der Achse regeln das möglichst schonende Abrollen. Der Teleskopdämpfer in der Anhängevorrichtung schwächt die äußeren Einflüsse während der Fahrt mit dem Gespann ab. Die hydraulisch-dynamische Auflaufbremse verbindet die nötige Sicherheit mit dem Komfort des problemlosen Rückwärtsfahrens. Hierzu muss die Bremssperre manuell blockiert werden. Ein Zeichen guter technischer Ausrüstung ist auch das luftbereifte Buglaufrad. Vier Kurbelstützen halten den Wohnwagen im Stand in der Waage.

Mit dem Intercamp ist dem Hersteller, dem VEB Oberlausitzer Stahl- und Fahrzeugbau in Bellwitz, auf Anhieb die Synthese zwischen einem kubischen Wagenkörper mit dem großen Vorteil guter Raumausnutzung und einem dennoch relativ günstigen Luftwiderstandsbeiwert gelungen dank dezent aber konsequent angebrachter Rundungen und Schrägen. So sind Vorder- und Rückwand leicht geneigt, Dach- und Bodenkante stark abgerundet. Dazu passt auch die Optik, der Wohnwagen macht auch 15 Jahre später und eigentlich sogar bis heute eine gute Figur. Die Sickenflächen an den Seiten, die seitlichen Fenstereinfassungen – oben kantig, unten abgerundet –, das originelle Bullauge in der zweiteiligen Tür, das große Heckfenster und generell die Flächenaufteilung geben dem Intercamp einen fast verschmitzten Auftritt, der Sympathien auslöst.

Fortschrittlich ist auch der Oberbau. Glasfaserverstärktes Polyester, doppelwandig ausgeführt und zwischen den Platten mit PUR-Schaum ausgefüllt. Die Konstruktion spart nicht nur Gewicht, sondern beschert den Nutzern eine gute Isolierung – immer wieder gerühmt von langjährigen Intercamp-Besitzern.

Im Bug, rechts neben der Eingangstür, befindet sich eine kleine Sitzecke mit absenkbarer Tischplatte. Hier lässt sich eine Liegefläche von 1100 mm Breite einrichten, im Bereich der größeren, auf vier Personen zugeschnittenen Sitzecke im Heck entsteht eine 1350 mm breite Liegefläche. Stauräume in den Sitzbänken, ein zweiteiliger Kleiderschrank und Ablageflächen über dem Heckfenster bewähren sich in der Praxis ebenso wie der zweiflammige Gaskocher gegenüber der Tür. Die beiden Seitenfenster lassen sich ausstellen. Von Produktionsbeginn an kommen je nach dem, ob das Fahrzeug für den Binnenmarkt oder Westexport bestimmt ist, Plastikmöbel oder Sperrholzmöbel zum Einsatz. Allerdings gilt zunächst die Regel, dass nur Exemplare auf den heimischen Markt gelangen, die der Westen nicht abnimmt. Mit abnehmender Attraktivität des Intercamp im Westen ändert sich das langsam, die jährliche Gesamtstückzahl überschreitet aber kaum einmal die 100. Im Jahre 1977 kostet der Inter-

Die Grünbergs auf großer Fahrt mit ihrem ungewöhnlichen Gespann (oben und Mitte). Unten zieht der prächtige Volvo 244 einen Intercamp 355.
Foto: Grünberg

camp in der DDR zwischen 15.000 und 18.200 Mark – so viel ist auch beispielsweise für das Zugfahrzeug Moskwitsch 2140 aufzuwenden. Mitte der 1980er Jahre liegt der Preis dann bei rund 38.000 Mark, jetzt sind allerdings Echtholzmöbel Standard in allen Exemplaren. Der Preis in der Bundesrepublik, vertrieben von der Firma Fritz Berger, beträgt nur bescheidene 5000 DM!

Der Intercamp 355, wie er später, orientiert an der Gesamtlänge ohne Deichsel von 3550 mm heißt, hat in der Konstruktion kaum Weiterentwicklungen nötig. Allerdings wird die Innenausstattung immer wieder aufgewertet, neben der Möblierung betrifft das zum Beispiel die Propangasheizung Solar 3000, von der gleich noch die Rede sein wird. Mitte der 1980er Jahre erfolgt eine Erweiterung der Modellpalette mit dem Intercamp 355 LB mit Toilettenabteil an Stelle der kleineren Sitzgruppe im Bug.

Dann sollte er gegen den Nachfolger 440 ersetzt werden, die Umstellung geht aber offensichtlich so schleppend vonstatten, dass der neue Wohnwagen in der DDR nicht mehr ankommt. Zu finden ist er allerdings im Katalog der Handelsorganisation Genex aus dem Jahr 1987, in dem das Modell der zahlenden Westverwandtschaft für 14.250 DM zur Auslieferung in die DDR angeboten wird – der übliche Weg der Devisenbeschaffung der DDR unter Ausnutzung der unbeherrschbaren Mangelwirtschaft auf dem inländischen Markt. In der Optik hat die „neue Luxusausführung" noch dazu gewonnen, die aerodynamisch optimierte, schräg stehende Bugwand, die den Flaschenkasten mit einschließt, macht den Intercamp richtig modern. Allerdings ist er um 180 Kilogramm schwerer geworden und wiegt nun – mit „Möbeln aus echtem Edelholzholzfurnier" (Genex-Katalog) – 680 kg einschließlich Propangasheizung (Nutzlast 320 kg, also ein zulässiges Gesamtgewicht von einer Tonne!). Das sind üppige 160 kg mehr als beim Modell 355, was die Auswahl geeigneter Zugfahrzeuge innerhalb der DDR noch weiter einschränkt.

INTERCAMP

iC 440 · iC 355

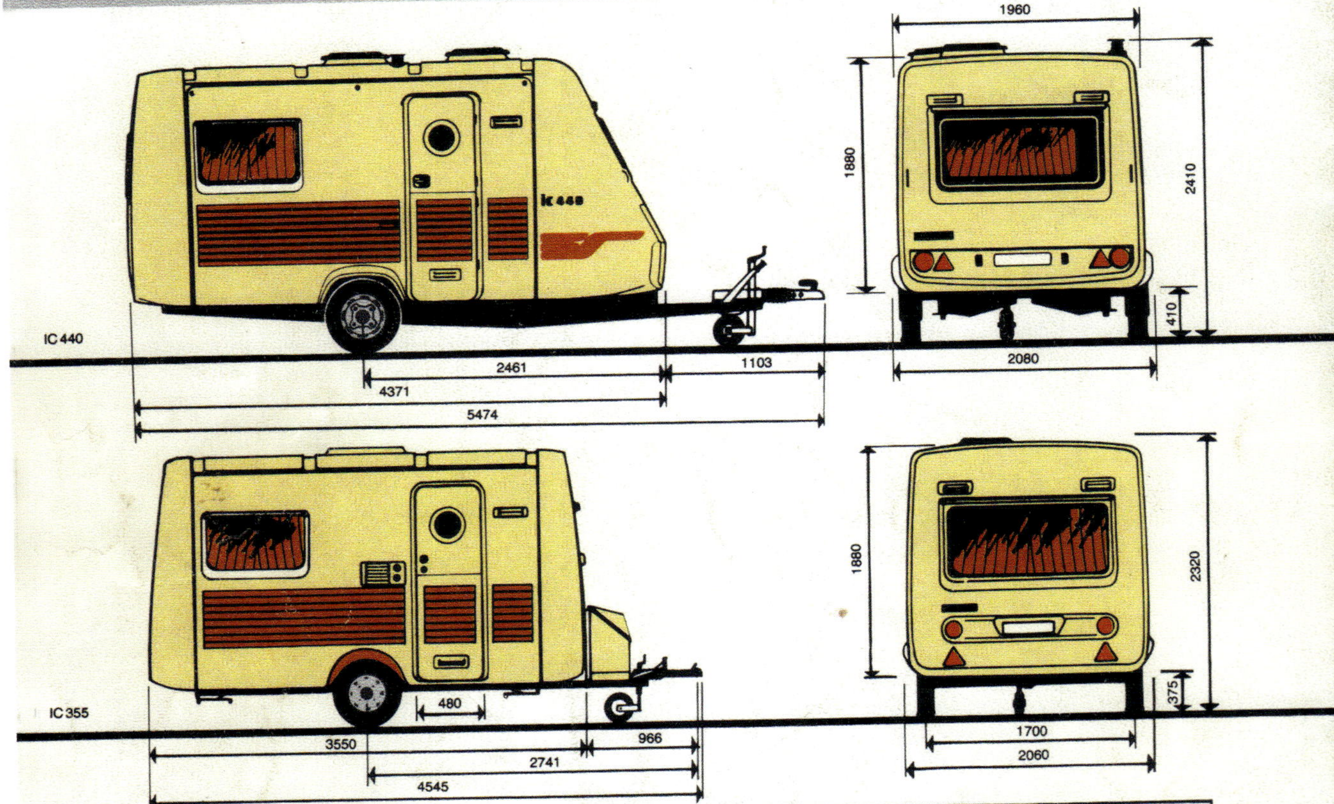

Händler:

VEB Oberlausitzer
Stahl- und Fahrzeugbau
DDR-8701 Geoorgewitz-Bellwitz
Betrieb im VE Kombinat MEWA Dresden

Exporteur:

TRANSPORTMASCHINEN
EXPORT · IMPORT
DDR · 1086 Berlin

Hersteller:

DEWAG DRESDEN · GW 22 Zechmeister/Foto: Czerny/Gestaltung: Eckard/Text u. Produkt-Design: H. J. Schmidt

Ag. 21-66-86

Spitzenwohnwagen aus der DDR: Die beiden Intercamp-Typen 440 und 355 auf dem Prospektblatt – Werbung haben sie allerdings nur im Westen nötig, so begehrt sind sie in der DDR. *Quelle: Sammlung Grünberg*

Intercamp 460: Prototyp und Eigenbau

Die Geschichte dieses Wohnwagens ist eine typische DDR-Geschichte – und doch eine ganz besondere. Dass der hoch begehrte Typ Intercamp fast nur dem Westexport vorbehalten war, ist zwar durchaus „typisch DDR", aber soweit nichts Besonderes, denn so verfuhren die Devisenplaner in Partei und Regierung regelmäßig. Das Spezielle an der Geschichte von Peter Grünberg aus Berlin ist dessen hartnäckiges und erfolgreiches Streben nach dem Objekt der Begierde, auch in nahezu aussichtsloser Position.

„Von diesem Wohnwagen bekommt der Bezirk zwei im Jahr und das nur, wenn der Westen sie nicht abnimmt." So sprach die auskunftsfreudige Mitarbeiterin im IFA-Vertrieb auf die Frage Grünbergs nach den Aussichten seiner soeben abgegebenen Intercamp-Anmeldung. Das wollte der DDR-Bürger nun näher wissen und sprach im Herstellerwerk VEB Oberlausitz Stahl und Fahrzeugbau in Bellwitz vor. Dort erhielt er natürlich dieselbe Antwort. Die meisten hätten nun aufgegeben, selbst die meisten „gelernten DDR-Bürger", die es immer verstanden, mit Mangel und Beziehungen umzugehen, wenn sie nur irgendeine Gegenleistung für einen Handel anbieten konnten, am besten eine handwerkliche Tätigkeit. Der gelernte Gasgerätemonteur Peter Grünberg konnte es besonders gut. Tagsüber hielt er Heizungen und Warmwasserversorgung im Kommunalen Wohnungsbau in Schuss, nach Feierband bei guten Privatkunden, natürlich gegen Westgeld. Gab es ein wichtiges Teil nicht in der DDR, brachte es ihm seine Schwiegermutter – als Rentnerin mit Reiseerlaubnis versehen – aus Westberlin mit. Den DM-Schatz investierte er vielseitig, auch im Intershop, wo bekanntlich Westware gegen Westgeld verkauft wurde. Eine andere Einnahmequelle von Grünberg waren die Handelsbetriebe für Lebensmittel. Für die

Fast so rar wie der Intercamp 460, der nie in Produktion gehen durfte: Prospektblatt zum geplanten Export-Wohnwagen.

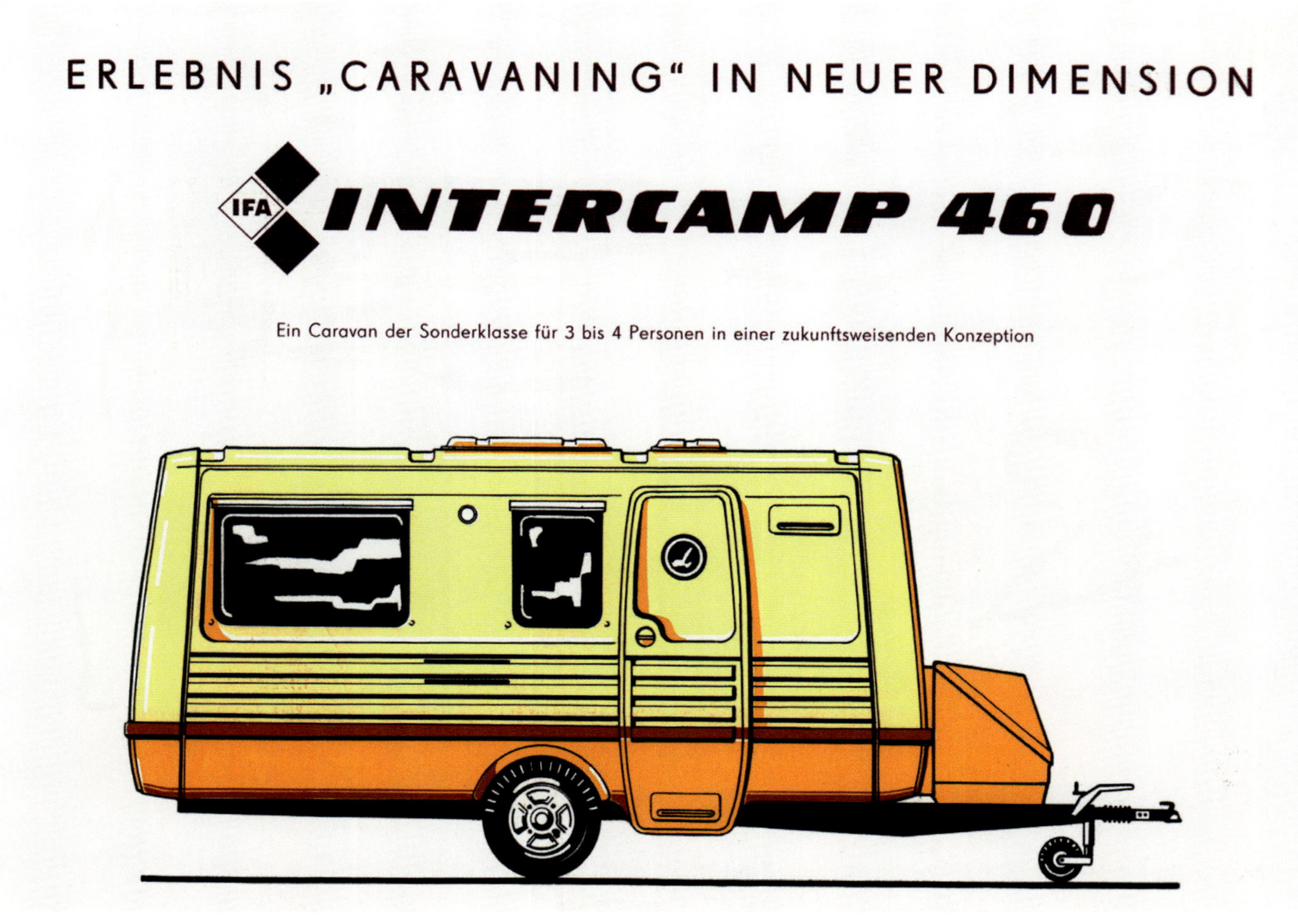

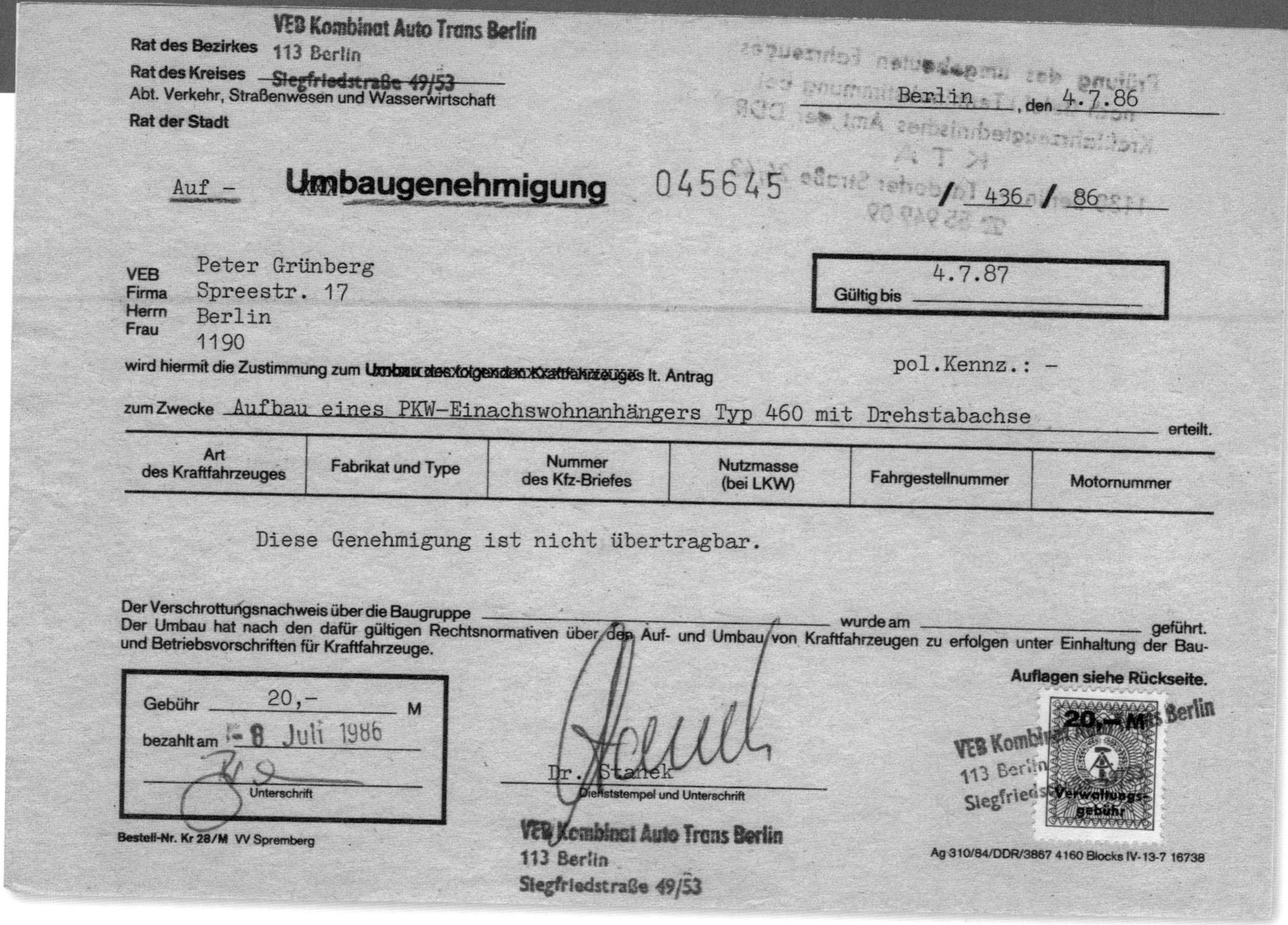

VEB Kombinat Auto Trans Berlin
113 Berlin
Siegfriedstraße 49/53

Rat des Bezirkes
Rat des Kreises
Abt. Verkehr, Straßenwesen und Wasserwirtschaft
Rat der Stadt

Berlin, den 4.7.86

Auf - **Umbaugenehmigung** 045645 / 436 / 86

VEB Firma Herrn Frau Peter Grünberg
Spreestr. 17
Berlin
1190

Gültig bis 4.7.87

wird hiermit die Zustimmung zum ~~Umbau des folgenden Kraftfahrzeuges~~ lt. Antrag pol.Kennz.: -

zum Zwecke Aufbau eines PKW-Einachswohnanhängers Typ 460 mit Drehstabachse erteilt.

Art des Kraftfahrzeuges	Fabrikat und Type	Nummer des Kfz-Briefes	Nutzmasse (bei LKW)	Fahrgestellnummer	Motornummer

Diese Genehmigung ist nicht übertragbar.

Der Verschrottungsnachweis über die Baugruppe ______ wurde am ______ geführt.
Der Umbau hat nach den dafür gültigen Rechtsnormativen über den Auf- und Umbau von Kraftfahrzeugen zu erfolgen unter Einhaltung der Bau- und Betriebsvorschriften für Kraftfahrzeuge.

Auflagen siehe Rückseite.

Gebühr 20,- M
bezahlt am 8 Juli 1986
Unterschrift

Dr. Stanek
Dienststempel und Unterschrift

VEB Kombinat Auto Trans Berlin
113 Berlin
Siegfriedstraße 49/53

20,- M Verwaltungsgebühr

Bestell-Nr. Kr 28/M VV Spremberg

Ag 310/84/DDR/3867 4160 Blocks IV-13-7 16738

Alles hat seine Ordnung: Behördliche Aufbaugenehmigung für einen Wohnwagen, den es eigentlich nicht geben darf …
Quelle: Sammlung Grünberg

dringend erforderliche Reparatur von Kühlung oder Heizung gab es immer etwas nebenbei aus dem jeweiligen Warensortiment …

Doch zurück zum Wohnwagenhersteller: „Beziehungen sind alles", das sagte sich seinerzeit auch Peter Grünberg und brachte dem Betriebsleiter ein Paket solcher Produkte, zum Verzehr sehr geeignet. Jedoch reichte ein Mal natürlich nicht, auch nur einer als Empfänger reichte nicht und es galt ein kleines Netzwerk bei den Wohnwagenbauern zu installieren – die Stimmung besserte sich von Besuch zu Besuch. Die Hartnäckigkeit sollte sich auszahlen: Der häufige Gast bekam schlussendlich den eigentlich gar nicht verfügbaren Wohnwagen – gegen korrekte Bezahlung in DDR-Mark. Es handelte sich um den Intercamp 355 HS.

Nun geht die Geschichte erst richtig los. Denn Grünberg machte sich sogleich daran, den Wohnwagen nach seinen Vorstellungen auszubauen. Klare Vorstellungen hatte er besonders bei der Heizung, die er neu konstruierte. „Warum macht Ihr das denn nicht so?" fragte Grünberg immer wieder die Konstrukteure. Seine Idee: Umrüstung einer Wohnungsheizung auf Propangas bei deutlicher Verkleinerung des Aggregats. Der Hersteller in Bellwitz verbaute, wie später auch andere, die neue Heizung als Solar 3000, nahm außerdem auch andere Anregungen auf und verfeinerte damit die durchaus gelungene Konstruktion des Intercamp 350. Grünberg durfte sich einen weiteren Wohnwagen kaufen, diesmal mit der Westmöblierung.

Kapitel drei der Geschichte begann, als Grünberg im Büro des Entwicklungschefs das Modell eines größeren Wohnwagentyps entdeckte. So hätte einmal ein weiterer Westexportschlager aussehen sollen, aber die Sache war bereits gescheitert, weil der Westmarkt nur kleine Wohnwagen nachgefragt hatte. Nun wollte Grünberg den Wohnwagen nach den vorhandenen Unterlagen selbst bauen – ein Ansinnen, das beim Betriebsleiter auf strikte Ablehnung stieß. Nur wenn vielleicht eine schriftliche Genehmigung von ganz oben sich erreichen ließe … Schwarzentwicklungen

Rechts: Was der Prospekt nicht verrät: Die Heizung stammt konstruktiv von Peter Grünberg. Der Hersteller ist eben dankbar für die nützlichen Hinweise …
Quelle: Sammlung Grünberg

waren streng verboten, da wollte der Betrieb nichts riskieren. Natürlich bekam Grünberg die Genehmigung, denn einer in seinem Netzwerk, dem er regelmäßig West-Alkoholika besorgte, saß an der richtigen Stelle: Prototypenbau, um einen möglichen Westexport auszuloten, eine Art externer Entwicklungsauftrag in Kooperation mit dem Werk – das sich von dem Projekt eigentlich schon verabschiedet hatte!

Zu diesem Zeitpunkt hatte die Konstruktion des großen Intercamp eine geradezu dramatische Vergangenheit vorzuweisen. Es war auf der Leipziger Herbstmesse 1983, den Stand des Industrieverbands Fahrzeugbau (IFA) schmückte unter anderem eine Neuheit namens Intercamp 460, zu breit und schwer für die in der DDR üblichen Zugfahrzeuge. Er sollte Westimporteure ködern. Die aber winkten ab, Wohnwagen dieser Größe hatte man genug im Sortiment. Und nun der, aus Sicht des Werkes, negative Höhepunkt: Mitten im Messetreiben – dafür gibt es Zeugen – wurde der Wohnwagen vom Stand geschoben! Die Zeitschrift „Der deutsche Straßenverkehr" hatte ihren Messebericht da aber schon verfasst und gedruckt. In Heft 10/83 stellte sie den „exportorientierten Caravan" in Bild und Text vor. Zu spät kam die Intervention der

Behörden, über den Intercamp 460 nicht zu berichten, einige nördliche Bezirke der DDR hatten die Hefte schon erhalten. Dennoch musste die Redaktion den Druck stoppen und die betreffende Heftseite umbauen, so dass nun zwei Ausgaben von Heft 10/83 in Umlauf waren!

Der „Caravan der Sonderklasse“ – so das ebenfalls schon gedruckte Prospektblatt – wies für seine Grundfläche von 4590 mm in der Länge und 2200 mm in der Breite ein relativ günstiges Eigengewicht auf. Es wurde mit 780 kg angegeben. Der große Vorzug sollte der Raum sein: Beide Sitzecken ließen sich in geräumige Liegeflächen umbauen, die im Bug konnte man mit Schiebetür oder Vorhang abtrennen, drei bis vier Personen fanden bequem Platz. Und diese hätten den Vorteil des Toilettenraums mit Waschbecken und Spiegel genießen können. Die Küche hatte eine Kocher-Spüle-Kombination. Und weil es ja um den Export ging, waren „Möbel in Rahmenbauweise aus Edelholzfurnier“ als Standard vorgesehen.

Zuerst im Werk und dann zu Hause arbeitete Grünberg an seinem Traumwohnwagen. Für das vom Werk bezogene Material musste er in DDR-Mark bezahlen, alles lief korrekt durch die Finanzbuchhaltung. Grünberg installierte aber nicht nur seine Heizung, sondern auch ein Umluftsystem, eine Dunstabzugshaube, Fernsehanschluss und Doppelfenster. Zwei weitere Exemplare wurden später aus vorhandenen Teilen zusammen gebaut, mehr sind es nicht geworden. Als einsatzfähiger Wohnwagen ist nur der von Grünberg erhalten. Im Fahrzeugschein heißt es unmissverständlich: „Hersteller: Eigenbau, Typ: Grünberg“.

Die Grünbergs trumpften mit ihrem Wohnwagen richtig auf. Sohn Alex Grünberg, der den Eigenbau heute hegt und pflegt und ihn nach einem Intermezzo – die Familie siedelte in den letzten DDR-Jahren noch in den Westen über – zurückkaufte, erinnert sich noch lebhaft an die abenteuerlichen Touren nach Bulgarien. Nicht nur der Wohnwa-

Nostalgie-Zug auf Familientour: Der Volvo von damals und der Originalwohnwagen der Familie, heute gesteuert von Alex Grünberg. *Foto: Grünberg*

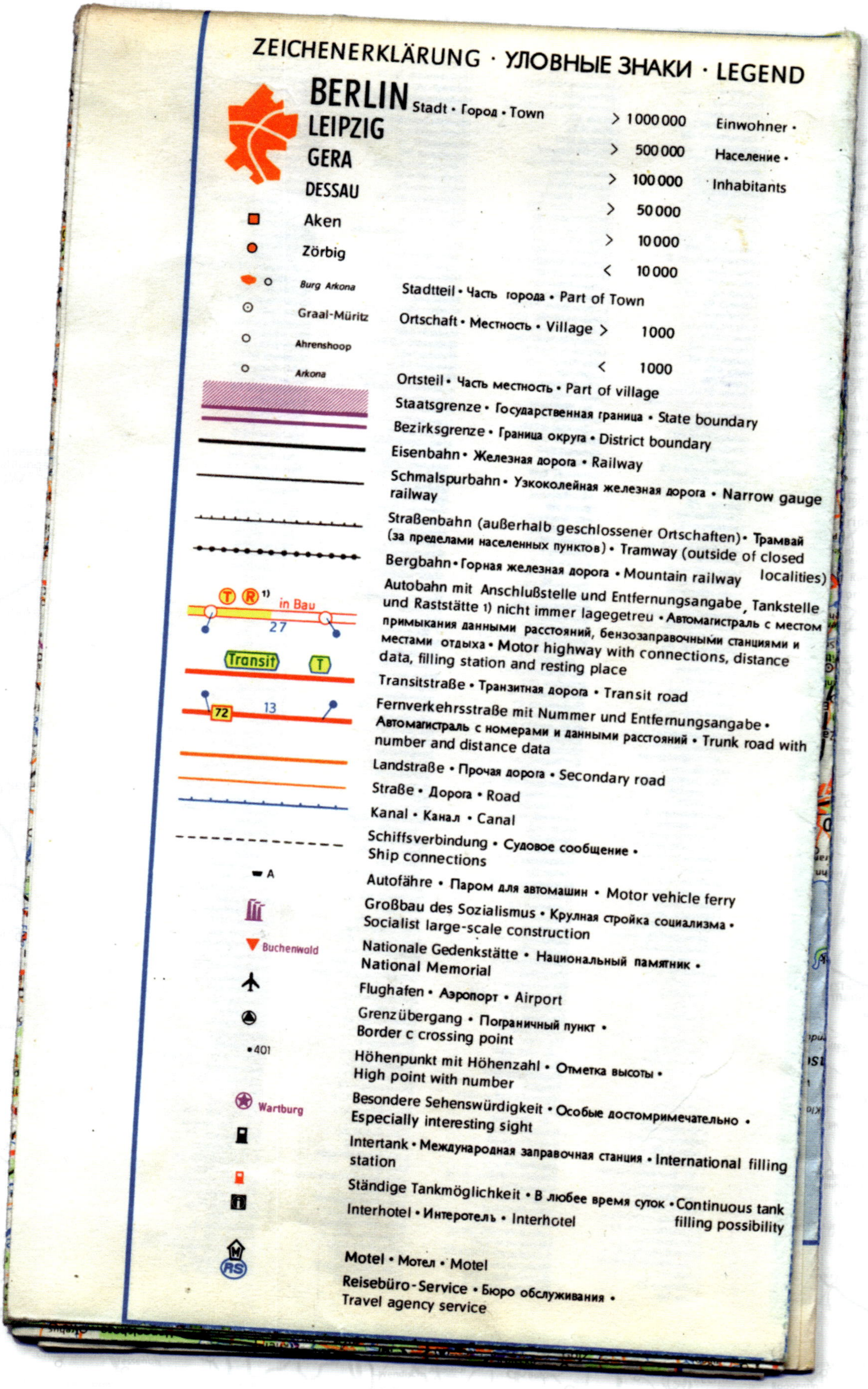
ZEICHENERKLÄRUNG · УЛОВНЫЕ ЗНАКИ · LEGEND
BERLIN
LEIPZIG
GERA
DESSAU
Aken
Zörbig
Stadt • Город • Town
> 1 000 000
> 500 000
> 100 000
> 50 000
> 10 000
< 10 000
Einwohner • Население • Inhabitants
Burg Arkona
Stadtteil • Часть города • Part of Town
Graal-Müritz
Ortschaft • Местность • Village > 1000
Ahrenshoop
< 1000
Arkona
Ortsteil • Часть местность • Part of village
Staatsgrenze • Государственная граница • State boundary
Bezirksgrenze • Граница округа • District boundary
Eisenbahn • Железная дорога • Railway
Schmalspurbahn • Узкоколейная железная дорога • Narrow gauge railway
Straßenbahn (außerhalb geschlossener Ortschaften) • Трамвай (за пределами населенных пунктов) • Tramway (outside of closed localities)
Bergbahn • Горная железная дорога • Mountain railway
T R 1) in Bau
27
Autobahn mit Anschlußstelle und Entfernungsangabe, Tankstelle und Raststätte 1) nicht immer lagegetreu • Автомагистраль с местом примыкания данными расстояний, бензозаправочными станциями и местами отдыха • Motor highway with connections, distance data, filling station and resting place
Transit
T
Transitstraße • Транзитная дорога • Transit road
72
13
Fernverkehrsstraße mit Nummer und Entfernungsangabe • Автомагистраль с номерами и данными расстояний • Trunk road with number and distance data
Landstraße • Прочая дорога • Secondary road
Straße • Дорога • Road
Kanal • Канал • Canal
Schiffsverbindung • Судовое сообщение • Ship connections
A
Autofähre • Паром для автомашин • Motor vehicle ferry
Großbau des Sozialismus • Крупная стройка социализма • Socialist large-scale construction
Buchenwald
Nationale Gedenkstätte • Национальный памятник • National Memorial
Flughafen • Аэропорт • Airport
Grenzübergang • Пограничный пункт • Border c crossing point
•401
Höhenpunkt mit Höhenzahl • Отметка высоты • High point with number
Wartburg
Besondere Sehenswürdigkeit • Особые достопримечательно • Especially interesting sight
Intertank • Международная заправочная станция • International filling station
Ständige Tankmöglichkeit • В любое время суток • Continuous tank filling possibility
Interhotel • Интеротель • Interhotel
M
RS
Motel • Мотел • Motel
Reisebüro-Service • Бюро обслуживания • Travel agency service

gen an sich erregte Aufsehen bei anderen DDR-Urlaubern, sondern der gesamte Zug, denn Grünbergs fuhren einen Volvo 244 DLS. Peter Grünberg hatte sofort zugegriffen, als im Jahre 1977 exakt 100 von insgesamt 1000 Einheiten der sonst nur als Funktionärslimousinen genutzten Schweden in den freien Verkauf gelangten. Für 42.000 Mark gab es das Sondermodell, (finanz-)begabte Handwerker wie Grünberg griffen gerne zu. Es handelte sich übrigens um eine Spezialversion für die DDR, ein Vierzylinder, der die Frontmaske des Sechszylinders erhielt.

Das ergab ein zwiespältiges Bild für Campingplatznutzer aus der DDR: Ein Volvo mit einem DDR-Wohnwagen, den es eigentlich gar nicht gab – wer dachte da nicht spontan an Mitarbeiter der Staatsicherheit oder Funktionäre der SED? Das Misstrauen war zu spüren, tatsächlich aber führte die Stasi, ihrerseits ebenfalls misstrauisch, eine Akte über den ständig beobachteten Handwerker mit dem „westlichen Lebensstil". Manchmal aber brachte das Gespann auch Vorteile. Bei einer Einreise nach Bulgarien winkte ein eifriger bulgarischer Zöllner die Grünbergs auf die für Westfahrzeuge reservierte Fahrspur – zu spät erkannte er das DDR-Kennzeichen und wurde dafür von seinem Vorgesetzten in den Senkel gestellt. Wer auf diese Art reist, kann wirklich viel erleben …

INTERCAMP 460

FAHRWERK

Die Drehstabfederung, Stoßdämpfer, Breitspur, mechanische Auflaufbremse, Rückfahrautomatik und ein günstiges Eigengewicht/Nutzmasseverhältnis garantieren beste Fahreigenschaften und hohen Fahrkomfort.

. . . EINE FORTSCHRITTLICHE TECHNIK MIT EINEM SICHERHEITSPOTENTIAL.

KAROSSERIE

Der moderne, selbsttragende, doppelwandig ausgeführte Polyesteraufbau ist verrottungsfest und pflegeleicht. Die zwischenliegende PUR-Vollisolierung sichert in Verbindung mit den Doppelfenstern einen optimalen Schutz vor Hitze und Kälte. Gute Lüftungsmöglichkeiten durch viele Lüftungsrosetten, zwei ausstellbare Dachluken, die Fenster und die geteilte Eingangstür. Alle Fenster sind ausstellbar ausgeführt.

. . . EINE SYNTHESE VON FUNKTIONALITÄT UND MODERNEN DESIGN.

INNENEINRICHTUNG

Sitzgruppe im Bug und Heck. Beide Sitzgruppen umwandelbar in bequeme Liegeflächen für 3 bis 4 Personen. Abstellboard für Fernseher oder Kofferradio im Heckbereich. Große Küche mit einer Nirosta- oder emaillierten Kocher-Spüle-Kombination. Der Propangaskocher ist zündgesichert und mit zwei oder drei Brennstellen ausgestattet. Viel Stauraum im Küchenober- und -unterschrank. Garderobenschrank mit Wäschefächern, Hängeschrankteil und weiteren Staufächern.

Toilettenraum mit Waschbecken und Spiegel. Platz für die Unterbringung eines Chemical-WC ist vorhanden. Die Sitz- bzw. Liegefläche im Bugteil ist wahlweise durch Schiebetür oder Vorhang abtrennbar. Große Staumöglichkeiten durch Staukästen unter den Sitzflächen und Dachstauräume. Möbel in Rahmenbauweise aus Edelholzfurnier.

. . . MIT WOHNLICHER NOTE UND HOHEM EINRICHTUNGSNIVEAU.

AUSSTATTUNG

Bequeme 100-mm-Schaumstoffpolster, Lehnenteile keilförmig. Ausgewogene, ansprechende Farbabstimmung bei Polster- und Dekostoffen.

Hängelampen im Wohnbereich Bug und Heck. Hier befinden sich auch Steckdosen. Weiterhin Lampen und Steckdosen im Küchenbereich und im Toilettenraum.

Pflegeleichter PVC-Fußboden mit herausnehmbarem Teppichläufer.

. . . DIE PERFEKTION IM DETAIL.

Design, Grafik: H.-J. Schmidt - Druck: Graphische Werkstätten Zittau/Görlitz, Werk IV Löbauer Druckhaus III/19/1 IK 452/83 2 T.

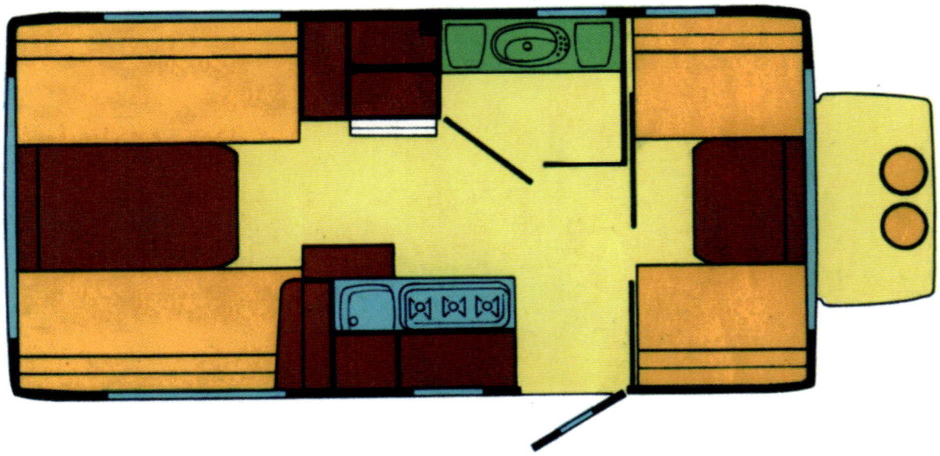

TECHNISCHE DATEN

Länge des Aufbaus, außen/innen	4590/4410 mm
Breite des Aufbaus, außen/innen	2200/2080 mm
Höhe des Aufbaus, außen/innen	1950/1850 mm
Gesamthöhe	ca. 2465 mm
Gesamtlänge	ca. 5950 mm
Eigenmasse	ca. 780 kg
Nutzmasse	1000 kg
Liegefläche Heck	1590 x 2050 mm
Liegefläche Bug	975 x 2050 mm

VEB Oberlausitzer Stahl- und Fahrzeugbau
8701 Georgewitz-Bellwitz
im VE Kombinat MEWA Dresden

Exporteur: Transportmaschinen Export-Import
Volkseigener Außenhandelsbetrieb · DDR · 1080 Berlin

Änderungen in Konstruktion und Ausstattung vorbehalten!

Die Rückseite des sehr seltenen Prospektblattes (siehe auch Seite 69) mit den verheißungsvollen Angaben für einen großen Wohnwagen.

Attraktiver Titel: Testfahrten mit Wohnwagen – hier der 1986 neue Lausitz 310 – und Zugfahrzeug nimmt die Leserschaft von „Der deutsche Straßenverkehr" immer mit großem Interesse auf – den Traum vom eigenen Wohnwagen im Hinterkopf.

Wenn ein großes Kombinat nach Möglichkeiten der Konsumgüterproduktion suchte, um seiner planwirtschaftlichen Verpflichtung nachzukommen, ist immer wieder einmal der kleine, leichte Wohnwagen ins Visier gerückt. Auch das VEB Gaskombinat Schwarze Pumpe, ein Großbetrieb der Energiegewinnung im Braunkohlegebiet in der Lausitz, ist auf diese Idee gekommen und hat Mitte der 1980er Jahre den Lausitz 310 herausgebracht. Nur 385 Kilogramm schwer, 2000 Millimeter Aufbaulänge bei einer Gesamtlänge von 4370 Millimetern, drei Schlafplätze auf einer Wohnfläche von 5,8 m², das sind die Daten, die auf den Trabant als Zugfahrzeug zielen. Der Lausitz ist relativ kurz und hoch und lässt dabei eine stattliche Stehhöhe von 1825 Millimetern zu. Der Hersteller hat, die „Trabant-Fähigkeit" im Sinn, bei der Konstruktion strickt auf geringes Gewicht geachtet, Leichtbauprofile für das Fahrgestell und Aluminium-Leichtbauplatten in Sandwichbauweise mit einer Schaumschicht dazwischen für den Oberbau zeigen ihre Wirkung.

Die zwei großen Fenster in Heck und Bug geben dem Wohnwagen sein Gesicht und tauchen den Innenraum in freundliches Licht. Die Doppelliege ist 1920 Millimeter breit. Die Stehhöhe zahlt sich unter anderem auch bei der Benutzung der Küche aus – von den Platzverhältnissen auf kleinem Raum stellt der Lausitz eine gut durchdachte Konstruktion dar. Kritisiert wird die eher einfache und bewusst sehr leicht gehaltene und hinsichtlich der Ablagen nicht ganz komplette Ausstattung.

Allerdings zeigt die Praxis, dass der Hersteller sein ambitioniertes Ziel nicht ganz erreicht: Die Zulassungspapiere weisen ein zulässiges Gesamtgewicht von 500 kg aus, was einer Nutzlast von 115 kg entspricht – zu viel für den Trabant. Zieht er den Lausitz, können nur (theoretische) 15 Kilo Zuladung in dem Wohnwagen verstaut werden. So kommt denn auch „Der deutsche Straßenverkehr" im in Heft 11/86 veröffent-

lichten Test zu dem Schluss, dass sich der Trabant als Zugfahrzeug eher weniger eignet. Mühe hat selbst noch der Skoda S 100, geradezu mit Leichtigkeit bewältigt hingegen der Lada 2101 diese Aufgabe.

Große Verbreitung findet der Lausitz nicht mehr, schon gar nicht die 1988 nachgeschobene frühe Überarbeitung des Modells. Vor allem die Dachkante am Heck wird geändert und ist nun leicht abgerundet statt kantig. „Schwarze Pumpe" hat nach der Wende in der DDR andere Sorgen als eine Konsumgüterproduktion aufrecht zu erhalten.

MEHR MAKE-UP: LAUSITZ 310

Mit Hängeschränken, einem veränderten Flaschenkasten (für zwei 5-kg-Flaschen) und die zahlreichen Nieten der Beplankung kaschierenden Deckleisten stellte sich der Lausitz 310 vor (Eigenmasse: 420 bis 425 kg). Die bisher optisch störende Kante am Heckdach wich einem knappen Radius.

Konsumgut aus dem VEB „Schwarze Pumpe": Der Lausitz 310 kann nicht restlos überzeugen, zu spät kommt ein Nachfolger. Hier ein Auszug aus „Der deutsche Straßenverkehr".

Nagetusch

Einladung für den komfortablen Campingurlaub: Sitzecke im Nagetusch. Foto: Dr. Stefan Hillebrecht

„Der Wagen für den verwöhnten Geschmack" – so wirbt die Firma Fahrzeugbau Nagetusch Anfang der 1960er Jahre für ihre Wohnwagen – und in der Fachpresse werden diese als „an der oberen finanziellen und leistungsmäßigen Grenze stehend" bezeichnet (Jahrbuch „Motor-Jahr 1961"). Das sind keine guten Voraussetzungen für das Gedeihen eines privaten Betriebes in der sozialistischen DDR, denn teure Produkte für vermögende Menschen passen nicht ins Bild (und stehen nur einer ganz dünnen politischen oder prominenten Oberschicht zu). Allerdings hätte der Dresdner Richard Nagetusch auf lange Sicht auch mit Produkten des allgemeinen Bedarfs keine Chance gehabt, denn spätestens 1972 ist in der DDR der letzte private oder teilprivate Betrieb mit mehr als zehn Mitarbeitern verstaatlicht. So ergeht es auch Nagetusch, sein Können geht aber zunächst noch nicht ganz verloren, denn die späteren Bastei-Wohnwagen gehen auf seine Arbeiten zurück.

Die Karosseriebaufirma besteht seit 1931, seinen ersten Wohnwagen stellt Richard Nagetusch auf der Leipziger Frühjahrsmesse 1958 vor. Für einen längeren Zeitraum leben Privatunternehmer und Staat noch ganz gut nebeneinander. Um die Produktion zu erhöhen, darf Nagetusch sogar eine Lizenz vergeben, an den VEB Schiffswerft Rechlin/Müritz und später auch an das Karosseriewerk Rosenthal in der sächsischen Schweiz, die spätere Keimzelle der Bastei-Wohnwagen. Die Kapazität des 1945 – nach der Zerstörung der Stadt durch die Bombenangriffe am 13. Februar desselben Jahres – im Stadtteil Kaitz in Betrieb genommenen Werkes lässt keine hohen Stückzahlen zu, man geht von etwa 60 bis 70 Einheiten im Jahr aus. Für die Lizenzfertigung in Rechlin wird in DDR-Medien über eine (geplante) jährliche Stückzahl von 400 Einheiten berichtet. Nach Informationen aus Sammlerkreisen sind, nachgerechnet an Hand der Fahrgestellnummern, rund 600 Nagetusch-Wohnwagen entstanden.

Der 1958 vorgestellte neue Wohnwagen ist der erste Teil eines ganzen Programms, das um 1960 komplett ist: Brillant, Diamant, Exquisit und Excellent lauten deren durchaus anspruchsvolle Namen. Äußeres Kennzeichen der Nagetusch ist die Aluminiumaußenhaut. Sie sieht nicht nur modern aus, sie bringt den Wohnwagen auch gut durch winterliche Witterungsverhältnisse. Für die Zeit sehr groß-

Selbstbewusst und exportorientiert tritt die Firma Nagetusch noch zu Beginn der 1960er Jahre auf – hier eine Anzeige von 1961 aus dem Jahrbuch „Motor-Jahr".

Restaurierter Nagetusch-Wohnwagen vom Typ 3.5 aus dem Jahre 1972 – heute erst recht eine Pracht.
Foto: Dr. Stefan Hillebrecht

zügig bemesse Fenster, die sogar über die Ecke gezogen sind, dazu farbliche Absetzung auf der Außenhaut verströmen ein hohes Maß an Eleganz – das Erscheinungsbild und die Namen signalisieren ganz klar die Luxusklasse. Die Rundungen, auch in der Dachform, wirken gekonnt und haben positive Auswirkungen auf den Luftwiderstandsbeiwert.

Ein Zentralrohrrahmen mit Schwingachsen bildet das Rückgrat der Konstruktion, die Räder sind einzeln aufgehängt und mit Drehstabfederung versehen – die gute Straßenlage der Nagetusch ist nicht nur ein leeres Werbeversprechen des Herstellers. Die Aluminiumbeplankung sitzt auf einem Holzgerippe, das Dach besteht aus glasfaserverstärktem Kunststoff.

Der Brillant als kleinste Ausgabe erreicht ein Eigengewicht von 450 kg bei 300 cm Aufbaulänge, die Werte steigen an beim Diamant (550 kg/350 cm), Exquisit (650 kg/400 cm) bis zum Excellent (850 kg/440 cm). Die Preise steigen natürlich entsprechend, der Brillant, für den Wartburg als Zugwagen noch geeignet, kostet 1961 (nach einem Bericht aus „Der deutsche Straßenverkehr") 9300 DM, die anderen 11.500 DM, 13.000 DM und 15.000 DM (bekanntlich verwendet die DDR für ihre Währung den Begriff DM noch bis Ende 1964). Die zwei größten Nagetusch verlangen nach Wolga und Tatra oder den zu dieser Zeit noch anzutreffenden Sechszylinder-Pkw Sachsenring aus Zwickau, der von 1956 bis 1959 gebaut wurde – oder aber nach entsprechenden Zugfahrzeugen in westlichen Absatzländern. Der Exzellent kann vier bis sechs Erwachsene zur Übernachtung aufnehmen, die anderen bleiben mit zwei Erwachsenen/einem Kind oder 3/1 und 3/2 in den üblichen Dimensionen.

Eine Dacherhöhung im Mittelgang sorgt für eine Stehhöhe von 1850 mm, alle gerade verlaufenden Fenster sind ausstellbar. In dieser Zeit noch seltene Komfortmerkmale wie Propangasheizung und Kühlschrank werten den Wohnwagen auf, in den wenigen erhaltenen Pressebeiträgen wird stets die sorgfältige Verarbeitung gelobt.

Zu Beginn der 1970er Jahre nennt Nagetusch seine Wohnwagen schlicht nach der Aufbaulänge. Ob es aber neben dem 3.5 noch weitere Typen gegeben hat, ist nicht mehr bekannt. In veränderter Form läuft der Typ 3.5 noch unter VEB-Flagge in Rosenthal weiter. Jetzt ist, um ihn mit dem ebenfalls gebauten Verkaufswagen zu vereinheitlichen, die Tür hinten angebracht, die Fensterflächen sind außerdem verändert, so dass viel von der Ausstrahlung des exklusiven Nagetusch verloren geht. Um 1973 beginnt am selben Ort die Epoche des Bastei, einer völlig neuen Wohnwagenkonstruktion.

Unverwechselbar in Form und Material – der QEK Junior gefällt in seinem originellen und harmonischen Erscheinungsbild – auch auf der türlosen Seite. Die Sportfelgen und Seitenreflektoren fanden hier erst nachträglich ihren Platz. Foto: Matthias Röcke

Der kleine QEK – QEK Junior

Natürlich musste die Fahrzeugindustrie der DDR einen solchen Wohnwagen anbieten, einen nämlich, der den „Volkswagen der DDR", den Trabant 601, nicht überforderte. Für einen großen Teil der Autofahrer stellte der Trabant die einzige finanzierbare Autoanschaffung dar und diese Gruppe sollte im frei gestalteten Urlaub nicht allein auf das Zelten oder den immerhin auch sehr gut nutzbaren Zeltanhänger angewiesen sein.

Der QEK Junior macht den Wunsch nach dem festen Dach im Campingurlaub für die Trabantfahrer wahr. Sehr leicht – in der ungebremsten Version nur 300 kg, in der gebremsten 360 kg schwer und somit auch für 26 Trabant-PS gerade noch geeignet – geht er ab 1974 auf die Reise. Trotz der geringen Länge von 2900 Millimetern finden drei Erwachsene Platz für bequemen Schlaf und nach schnellem Umbau auf einer gemütlichen Sitzecke. Dazu ist ein originelles Design gelungen, geprägt vom schwungvollen Bogen in der Dachlinie, der sich in den Radausschnitten wiederholt, und von den drei waagerecht verlaufenden Sicken. Die nicht sehr große Höhe passt zur Länge, der QEK Junior wirkt besonders in der Seitenansicht wie aus einem Guss. Die Bugwand ist mit Stilgefühl abgerundet, so dass der QEK günstig im Wind steht – sehr zum Wohl des sich vorn abmühenden Trabant. Entwickelt und gebaut wird der QEK im Werk Schmiedefeld des VEB Qualitäts- und Edelstahlkombinat in Hennigsdorf, später auch in zwei Werken des Chemieanlagenkombinates in Leipzig und Staßfurt. Aus den Anfangsbuchstaben des Stammbetriebes in Hennigsdorf leitet sich auch der flotte Kunstname des kleinen Wohnwagens ab.

Ungewöhnlich ist die Fahrwerkskonstruktion des QEK. Ein Zentralrohrrahmen, der in die Anhängevorrichtung mündet, trägt den Aufbau, unterstützt von zwei außen miteinander verbundenen Querträgern. Die Räder des QEK sind einzeln aufgehängt und werden von Dreieckslenkern geführt. Stoßdämpfer und Federn gehören ebenfalls zu diesem

Paket. Hinter der Achse sorgen zwei weitere Querträger für Stabilität.

Dass man nicht alles haben kann, zeigt die Konstruktion des Aufbaus. Aus Gewichtsgründen bleibt der QEK einschalig, eine gut isolierende Sandwichbauweise kommt nicht in Frage. Das Material ist glasfaserverstärktes Polyester. Um ausreichend Stehhöhe zu erreichen, braucht der kleine Wohnwagen eine Trittmulde in Höhe der Tür und eine große Dachluke. Diese muss auch reichen für die Frischluftversorgung, will man nicht die Tür (teilweise) öffnen, denn die zwei Fenster in Bug- und Heckwand lassen sich (zunächst) nicht ausstellen.

Die Küchenzeile mit Gaskocher, Spülbecken und dazwischen einem kleinen Schrank findet rechts neben der Tür unter der großen Bugscheibe Platz, links vom Fenster außerdem ein bis an die Decke reichender Kleiderschrank. Über dem Fenster sind drei offene Ablageflächen, mehr an Staumöglichkeiten hat der QEK nicht zu bieten. Ist die Sitzecke eingerichtet, steht zwischen den zwei längs angebrachten Bänken ein absenkbarer Tisch. Die Liegefläche misst 1880 mal 1860 Millimeter, genug für die Trabant-Besatzung. Die gebremste Variante ist mit einer 220-Volt-Anlage ausgestattet.

Der QEK bewährt sich vom ersten Tag an, nicht nur, weil er für den Trabant die nahezu einzige Wohnwagenchance darstellt. Er wird auch hinter größeren Zugfahrzeugen gesehen. Den konzeptionellen Nachteil der fehlenden Isolierung muss der Nutzer eben in Kauf nehmen. Der QEK Junior kostet in der DDR rund 6600 Mark und ist damit mit Abstand der billigste Wohnwagen im Binnenmarkt der DDR. Trotzdem ist es viel im Vergleich zum ja auch nicht gerade niedrigen Preis des Trabant, der bei rund 8500 bis rund 10.000 Mark liegt.

Leicht und praktisch und – das ist das Wichtigste – geeignet für den Trabant: Technische Daten und Maße aus dem Prospekt des QEK Junior.

IFA

QEK Junior

Campingwohnwagen HP 400.83, HP 500.83

Der QEK-Junior, ein Erzeugnis des VEB Qualitäts- und Edelstahlkombinat, ist ein modern konzipierter, einachsiger Wohnanhänger in selbsttragender Leichtbauweise für 3—4 Personen, der in den Varianten HP 400.83 ungebremst und HP 500.83 gebremst, mit 220-V-Anlage und verbesserter Innenausstattung gebaut wird. Durch seine geringe Eigenmasse ist er auch für den „Trabant" als Zugfahrzeug geeignet und leicht zu manövrieren.

1 Sitzfläche, darunter Stauräume
2 Tisch, absenkbar
3 Kleinküche, Propankocher, Spüle, Küchenschrank
4 Kleiderschrank

Technische Daten

Typenbezeichnung	HP 400.83	HP 500.83/2
Länge des Aufbaus	2900 mm	2900 mm
Breite des Aufbaus	1925 mm	1925 mm
Stehhöhe mit geschlossener Dachluke	1783 mm	1783 mm
Stehhöhe mit geöffneter Dachluke	1853 mm	1853 mm
Gesamtlänge	3850 mm	3850 mm
Leermasse	300 kg	360 kg
zulässige Gesamtmasse	400 kg	500 kg

	HP 400.83	HP 500.83/2
zulässige Sattellast	50 kg	50 kg
Bodenfreiheit	210 mm	210 mm
Bereifung	520-13	520-13
elektrische Anlage	6/12 V Bordspannung durch Zugfahrzeug	220 V Fremdeinspeisung 220/12/6 V über Trenntransformator

QEK Junior mit Vorzelt – die gemütliche Welt des Wohnwagenurlaubs in der kleineren Dimension. Das Bild aus der Nachwendezeit zeigt die zum Schluss eingeführte Variante mit ausstellbarem Heckfenster.
Foto: Dr. Walter Petzholdt

Die QEK-Familie am Ziel: Der Lada 1200 hat überhaupt keine Mühe mit dem leichten Wohnwagen. Foto: Christiane Haase

Weiterentwicklungen bleiben fast über die ganze Bauzeit aus. Fast, weil in den allerletzten Monaten ab Beginn des Jahres 1990 überraschend eine aufgewertete Variante zur Verfügung steht. Viele Wünsche der Camper, die sie in der Regel selbst umsetzen (müssen), sind nun ab Werk verwirklicht. Das Fenster im Heck ist ausstellbar, sehr sinnvoll angesichts der schwachen Isolierung, Rückleuchten und Nummernschild mit Nummernschildbeleuchtung sind in einer breiten Sicke zusammengefasst und der Kasten für die Gasflaschen wirkt großzügiger und eleganter. Innen sollen der mit Nadelfilz belegte Fußboden, eine neue Hängelampe und Verbesserungen an der Spüle für Zuspruch sorgen. Der weiterentwickelte QEK – parallel zum vertrauten Modell angeboten – soll rund 8500 Mark kosten, viel Zeit, sich zu bewähren, bleibt ihm nicht.

QEK Junior in der Gruppe: Zu DDR-Zeiten kaum vorstellbar, sind hier im thüringischen Hörselberg-Hainich sofort verfügbare Mietwohnwagen aufgereiht – ein Beleg für die Beliebtheit des QEK Junior im Jahre 2011! Foto: Matthias Röcke

Der große QEK – QEK Aero

Darauf sind die Entwickler des VEB Stahl- und Walzwerk „Wilhelm Florin" in Hennigsdorf bei Berlin stolz: „Die aerodynamische Form des Fahrzeuges senkt den Luftwiderstand erheblich und gestattet so ein zügiges Fahren". Sie haben soeben, im Frühjahr 1986, den QEK Aero, den großen Bruder des QEK Junior, in die Serienproduktion überführt und damit eine zweite Modellreihe eingerichtet. Der Aero ist eine Nummer größer als der „Trabant-Wohnwagen" Junior, wiegt 500 kg bei einem zulässigen Gesamtgewicht von 650 Kilogramm (Junior in gebremster Ausführung 500 kg) und ist auch sonst ganz neu. Statt des Aufbaus aus Polyester in einschaliger Ausführung gibt es nun ein Stahlrohrskelett und eine Aluminiumhaut als Beplankung, in den Seitenwänden Schaumstoffisolierung. Das Dach und die Tür bestehen aus doppelwandigem Polyester, allerdings ohne Isolierungsschicht. Und es geht beim QEK Aero eben, wie der Name schon sagt, um die Windschlüpfigkeit. Diese Botschaft trägt er deutlich in die Welt, die stark geneigte Bugwand sorgt dafür. Die Tür ist deshalb in der hinteren Seitenwand untergebracht, nur hier bietet der neue Wohnwagen auch Stehhöhe, und die muss, wie im Junior, erst noch durch eine Trittmulde hergestellt werden. Zum Bug hin erstrecken sich die Sitzecke beziehungsweise nach Umbau ganz oder teilweise die Liegefläche für zwei Erwachsene oder zwei Erwachsene und zwei Kinder.

Für beide Möglichkeiten hat die stark abfallende Bugwand in der täglichen Nutzung durchaus Nachteile, das merken schnell die ersten Käufer des Aero und es merkt auch bald das Werk an den Reaktionen. Es entwickelt sich ein höchst ungewöhnlicher Vorgang für den Werdegang eines Konsumproduktes in der sozialistischen Planwirtschaft – der Wohnwagen fällt beim Publikum mehr oder weniger durch, das Werk macht sich an eine gründliche Überarbeitung und stellt drei Jahre nach dem Serienstart des Aero den stark überarbeiteten Nachfolger QEK 325 vor. Eine schnelle Reaktion, im Prinzip wie in einer funktionierenden Marktwirtschaft. Dabei erstaunen sowohl die Initiative des Werks als auch die Bereitstellung der Mittel für die Änderung durch die Wirtschaftsbehörden.

Testfahrten durch Dritte haben ergeben, dass die Neigung der Bugwand mit 45 Grad unnötig stark ausgefallen ist. Sie bringt den Fortschritt nicht im gewünschten Maß, obwohl sie das in optischer Hinsicht vermuten lässt. Die Zeitschrift „Kraftfahrzeugtechnik" (KFT) – in der DDR als wissenschaftliches und populärwissenschaftliches Fachblatt sehr geachtet – weist in Heft 7/88 explizit nach, dass die Verringerung des Luftwiderstandes nicht die Erwartungen erfüllt, der Nachteil des eingeschränkten Innenraums also nicht durch den gewünschten Minderverbrauch ausgeglichen wird. In der Neufassung QEK 325 ist die Bugwand nur um 30 Grad zur Senkrechten geneigt, das Heck weniger abgerundet, alles mit einem besseren Ergebnis beim Luftwiderstand und einem um 0,4 m^3 vergrößerten Innenraum, wie die KFT in Heft 4/89 feststellt. Umgesetzt hat das Werk dies nach intensiven Versuchen an Modellen, was, wie die KFT ebenfalls berichtet, beim Aero unterblieben war.

Auch die Zeitschrift „Der deutsche Straßenverkehr" merkt Mängel im ersten Testbericht an, eine exakte Luftwiderstandsmessung enthält der Beitrag jedoch nicht. Tester Wolfram Riedel bemängelt in der insgesamt allerdings positiven Beurteilung die nur teilweise umgesetzte Isolierung, insbesondere im Boden, wo die Trittmulde nur einen einfachen Kunststoffbelag hat. Als Zeichen schlechter Isolierung wird auch das starke Auftreten von Kondenswasser gewertet.

Das Werk hatte schon ein Jahr nach Produktionsbeginn des Aero ein paar Kinderkrankheiten ausgemerzt und unter anderem einen geräumigen Bugkasten über die ganze Wagenbreite zur Aufnahme der Gasflaschen eingeführt und die Lüftung durch neue, nun ausstellbare Seitenfenster verbessert.

Bis zum Schluss in der DDR üblich ist die improvisierte Lösung der Spiegelkonstruktion am Zugfahrzeug, hier unabsichtlich gezeigt im Prospekt zum QEK Aero.

Der 3250 Millimeter lange und 1947 Millimeter breite Aufbau des Aero lässt den Bewohnern eine Liegefläche im Bug von knapp vier Quadratmetern. Drei Erwachsene oder zwei Erwachsene mit zwei Kindern haben hier Platz, wobei beim Schlafen in Längsrichtung der niedrige Bug kaum stört. Ein zweiteiliger Tisch schafft diese Variabilität: Nutzt man zwei Schlafplätze quer zur Fahrtrichtung, lässt sich der kleinere Tisch einer Sitzgruppe in der Mitte zuordnen, wählt man die ganze Fläche zum Liegen für maximal drei bis vier Schlafplätze in Längsrichtung, verschwinden Tisch und Sitzgruppe ganz.

Die Campingfamilie aus dem Prospekt hat sich eingerichtet und vor dem Aero gemütlich niedergelassen. So angetan wie sie ist später nicht jeder Aero-Nutzer.

Der große QEK mit kurzer Lebenszeit: Der Aero verspricht mehr, als er halten kann und wird bald durch den QEK 325 ersetzt. Hier ein Auszug aus dem Prospekt von 1986.

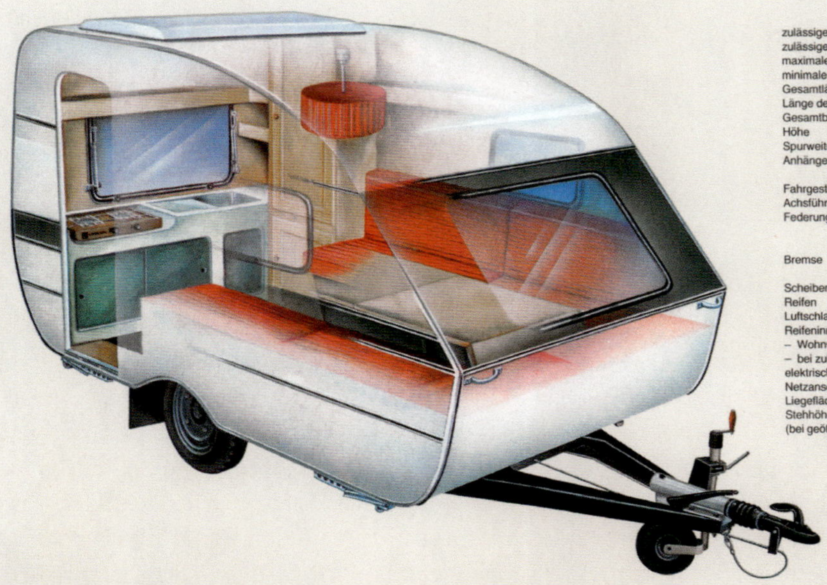

Technische Daten

Typ	HP 650.83/1
Leermasse	500 kg mit Piacrylscheiben 510 kg mit ESG-MSG-Scheiben
zulässige Gesamtmasse	650 kg
zulässige Achslast	650 kg
maximale Deichsellast	50 kg
minimale Deichsellast	25 kg
Gesamtlänge	4 320 mm
Länge des Aufbaues	3 250 mm
Gesamtbreite	1 947 mm
Höhe	2 100 mm
Spurweite	1 540 mm
Anhängerkupplung	Kugelkupplung KK 82 TGL 21642
Fahrgestellrahmen	Schweißkonstruktion
Achsführung	Dreieckslenker
Federung	Schraubenfedern mit hydraulischen Schwingungsdämpfern
Bremse	mechanische Auflaufbremse mit Rückfahrautomatik
Scheibenrad	4 J × 13 H 1 J 35 – 2
Reifen	5.20 × 13
Luftschlauch	1 320
Reifeninnendruck	
– Wohnwagen leer	150 kPa
– bei zul. Gesamtmasse	200 kPa
elektrische Anlage	12 V
Netzanschlußgerät	220 V/12 V ~
Liegefläche	2 150 × 1 850
Stehhöhe im Arbeitsbereich (bei geöffnetem Hubdach)	1 860 mm

QEK Junior

Vor uns standen drei Wochen Urlaub, ein Wartburg 353 S und ein neuer QEK-Junior (HP 500.83/32). Der Hersteller, Chemieanlagenbau Leipzig, will laut Bedienungsanleitung ein größeres Campingerlebnis vermitteln, indem er dem guten alten Junior einige aufwertende Details hinzufügte. „Im Prinzip all das", sagte Absatzdirektor Heinz Mädler, „was die Campingbastler bisher mehr oder weniger gelungen nach dem Kauf in Heimarbeit ergänzten".

Nach einer Fahrt über 2 000 km, Aufenthalten auf zwei ungarischen Campingplätzen und im wunderschönen slowakischen Vratnatal können wir bestätigen: Es hat Spaß gemacht. Die Weiterentwicklung ist angekommen, nicht nur bei uns, denn schon äußerlich fällt der „W" durch seinen gleichermaßen gefälligen wie großen Flaschenkasten auf, der zwei 5-kg-Propanflaschen aufnehmen könnte und der bei anderen Junior-Besitzern sofort die Frage nach dem Woher provozierte. Daß der Neue sich auch farblich durch eine „Bauchbinde" oder andere Verzierung abhebt, sei nur am Rande erwähnt. Das Beste steckt innen.

Wir hatten ein Fahrzeug der Nullserie, d. h. alle Neuerungen trugen bereits Züge der Serienproduktion. Das sind Nadelfilz auf dem Fußboden unter dem Tisch, Gardinenleisten mit Stores und Übergardinen, Blechdeckel des Kochers (Schutz der Gardinen am Küchenfenster!), Besteckschubkasten, ausstellbares Heckfenster, Hängeleuchte über dem Tisch, Schkopauer Amocortapete an den Wänden, mit Latex gestrichene Schrank- und Stauräume, Zwischenboden im Küchenunterteil, Hakenleisten für Hand-, Wischtücher, Topflappen.

Blick durchs geöffnete Ausstellfenster am Heck über die Liegefläche. Links oben die Elektrik-„Zentrale": Steckdose 220 V, Sicherungen 220 und 12 V, Steckose 12 V. Die Spüle wurde abgedeckt. Schon die Deckenlampe sorgt für mehr Wohnatmosphäre als vorher.

Details der Küche: Links unten das Gasventil. Im Schrankunterteil gibt es einen Zwischenboden. Die Innenwände sind weiß gestrichen. Der Besteckkasten könnte ruhig etwas breiter sein...

Mit Ausstellfenster

Natürlich wurde der QEK damit kein Intercamp, aber er ist wohnlicher als bisher. Das bestätigten auch die Campingplatznachbarn, QEK-Besitzer bzw. -Anwärter, die uns besuchten. Besonders die Hängeleuchte gefiel: Im Himmel eingeklebte Schukosteckdose, ebensolcher Stecker am kurzen Kabel. Während der Fahrt ist die Lampe im Aufwaschbecken sicher untergebracht.

Und dann das Ausstellfenster. Zusammen mit der angehobenen Dachklappe ermöglicht es angenehmen Innenaufenthalt selbst bei Mittagshitze. Auch nachts sorgte das nur angelehnte Fenster für Frischluft nach Maß am Gesicht. Ungeteilte Zustimmung auch für das Brett im Küchenschrank, den warmen Nadelfilz und natürlich die komplette Gardineneinrichtung. Da wir vom Wetter geradezu verwöhnt wurden, haben wir keine Erfahrungen mit regnerischer Kühle sammeln müssen. Zwar sanken die nächtlichen Außentemperaturen in der Mala Fatra gegen Morgen bis auf 4 °C, und wir stellten gelegentlich Beschlag an der Dachluke und angelaufene Fenster fest – aber das war's dann schon. Die dezent gemusterte, freundlich wirkende geschäumte Amocortapete jedenfalls zeigte sich unbeeindruckt. Ein gewisser Isola-

Der QEK Junior in seiner letzten Entwicklungsstufe in der Beurteilung eines Nutzers, abgedruckt in „Der deutsche Straßenverkehr".

Eins und eins sind zwei – mit dem QEK Junior geht die Rechnung immer auf, denn das Vorzelt verdoppelt den Lebensraum der Camper.

Die Bänke der Sitzgruppe stehen für die Tagesnutzung in Längsrichtung, hier macht sich die Einschränkung des Raums bemerkbar. Ein Manko des Aero ist offenbar die Stehhöhe. Einen Hinweis darauf findet man in der Prospektangabe: „1860 Millimeter bei geöffnetem Hubdach" schreibt der Hersteller, ein wenig schwingt das schlechte Gewissen dabei mit.

Gegenüber der Tür befindet sich an der linken Außenwand ein zweiteiliger Schrank, der bis zur Decke reicht. Zwischen ihm und der Fahrzeugrückwand sind, ebenso wie über dem ausstellbaren Heckfenster, offene Ablagen untergebracht. Auch die Sitzbänke beherbergen Stauraum. Die Küche besteht aus zweiflammigem Kocher, Spüle und den darunter befindlichen Schränken. Bei der Überarbeitung nach einem Jahr werden die Ablagen über den Seitenfenstern vergrößert und mit kleinen Wandschränken versehen. Weil die Gasflaschen in den neuen Bugkasten gewandert sind, gibt es in der Küche Platz für einen Kühlschrank mit 28 Litern Inhalt.

kompletter

VOM LESER GETESTET

Das ausstellbare Heckfenster verschafft endlich Luft an heißen Sommertagen. Diese Fenstervariante und der Flaschenkasten kennzeichnen den Junior in seiner weiterentwickelten Variante.

Der Flaschenkasten ist recht formschön geraten. Zwei 5-kg-Gasflaschen haben gut Platz in ihm. Dort lassen sich aber auch noch andere Dinge geschützt unterbringen, z. B. die am Ziel abgenommenen speziellen Caravan-Spiegel vom Pkw, wie ausprobiert wurde.

tionseffekt ist ihr wahrscheinlich nicht abzusprechen.

Verbrauchsfahrt

Der Junior als Fahrzeug muß nicht weiter beschrieben werden. Er verhielt sich ausgesprochen neutral – vernünftige Fahrweise und ausgeglichene Beladung vorausgesetzt.
Von Prag bis Brünn hatten wir strammen Wind zum Gegner. Hier forderte der Hänger seinen Tribut vom Wartburg – den dritten Gang und „Tempo" 50 öfter als uns lieb war. Die Momentanverbrauchsanzeige glühte geradezu orange. Das und Bergtouren (wie Zvolen–Kremnica–Terchova oder von dort über Makov nach Gottwaldov) trugen dazu bei, daß unser Durchschnittsverbrauch (exakte Streckenlänge 2 113 km, davon 114 km ohne Anhänger) bei 10,88 l/100 km lag. (Der Wartburg war vorher zur 50 Tkm-Durchsicht.)

Massezuwachs

Zu schleppen ist etwas mehr als beim „alten" QEK. Unserer hatte Piacrylscheiben und eine Leermasse (ohne Vorzelt) von 405 kg (für den Zweitakt-Trabant nicht mehr zugelassen!); mit Glasscheiben sind es 420 kg. Da bleiben als Nutzlast noch 95 bzw. 80 kg. Die braucht man unbedingt, zumal das Baumwollvorzelt auch 22 kg auf die Waage bringt. Vor allem sei vor Kopflastigkeit gewarnt, zu der der Flaschenkasten und die geräumigen Schränke unter und über dem Kocher geradezu verleiten. Nach längerer Tour müßte ansonsten vielleicht der Preis für zwei neue Reifen des Zugfahrzeuges den Urlaubskosten zugeschlagen werden ...

Wünsche und Kosten

Wünsche blieben wenige offen. Ein Dederonvorzelt ist nicht nur leichter, sondern läßt sich auch besser handhaben. Schmutzlappen jeweils vor den Kurbelstützen wären nützlich, vor allem aber sollte der Besteckschubkasten eine Nummer größer sein; der Platz dafür ist vorhanden. Sicher gehört das eingearbeitete Abwaschbekken zum notwendigen Standard, wir und die meisten anderen QEK-Besatzungen allerdings verschonten die Gardinen vor Fitspritzern und verwendeten eine Plastschüssel im Freien.
Der QEK-Junior wird bekanntlich nicht mehr allein in Schmiedefeld hergestellt, sondern in erheblichen Stückzahlen auch in Leipzig und Staßfurt (zwei Werke des Chemieanlagenbaukombinates) sowie in Fürstenwalde. Seit Oktober bauen die Leipziger nun ihre neue Variante neben der bisherigen Ausführung. Es ist ein Angebot – an IFA-Vertrieb und natürlich den Käufer, gedacht für jene Camper, die ein Mehr an Nützlichkeit bzw. Wohnlichkeit nicht nach und nach selbst anbringen wollen oder können und die das Geld dafür en bloc auf den Tisch legen. Der HP 500.83/32 kostet ohne Vorzelt, mit runderneuerten Reifen und Glasfenstern 2 150,– M mehr als die vergleichbare bisherige Ausführung. Er ist und bleibt der preiswerteste Wohnwagen des IFA-Sortiments.

ROLF UND RITA ENGELHARDT

QEK 325

Aufgrund der zahlreichen Hinweise von Käufern des Aero, aber auch eigener Überlegungen, habe der Hersteller, so formuliert „Der deutsche Straßenverkehr" in Heft 4/89 freundlich und eher zwischen den Zeilen, den Wohnwagen überarbeitet. Der QEK 325 startet also im letzten Jahr unter der Ägide der Planwirtschaft und hat in dieser verbesserten Form eigentlich gute Chancen, sich auch auf dem freien Markt zu behaupten. Die nun steiler im Wind stehende, aber dennoch aerodynamisch optimierte Bugwand gibt innen für Sitzecke und Schlaffläche mehr Raum frei, vergrößerte Seitenfenster bringen mehr Licht und der Heckbereich mit der Küche ist umgruppiert. Links neben der Tür steht nun der Schrank, den Rest der Fahrzeugbreite nimmt die Küche ein, der Kocher steht jetzt an der Seitenwand gegenüber der Tür. Die Stehhöhe ist leicht verbessert und beträgt bei geschlossenem Hubdach nun 1800 Millimeter.

Kurz vor dem Ende der DDR ist der QEK 325 fertig und schafft es gerade noch in den letzten Verkaufskatalog der Handelsorganisation Genex – auf dem Foto übrigens noch als „QEK Aero" bezeichnet.

Verschiedene Heckabschlüsse: links der QEK 325, rechts der Aero. Foto: Matthias Röcke

Das Fahrwerk

Nicht ändern brauchte das Werk beim Schritt vom Aero zum 325 das Fahrwerk. Genau genommen hatte diese Baugruppe nicht einmal neu entwickelt werden müssen, denn sie stand im Prinzip schon vom Typ Variant, einem Boots- und Lastenanhänger, zur Verfügung. Das Fahrwerk besteht aus einem geschweißten Fahrgestellrahmen mit zwei Längsträgern und einer V-förmigen Deichsel. Die Achse wird von Dreieckslenkern geführt, Schraubenfedern mit hydraulischen Schwingungsdämpfern sollen störende Straßeneinflüsse ausgleichen. Die Auflaufbremse arbeitet mechanisch und hat eine Rücklaufautomatik, das Bugrad ist luftbereift.

Trotz nun recht guter Voraussetzung auf der Produktseite gelingt es nicht, die Produktion des QEK 325 nach der politischen Wende und der deutschen Wiedervereinigung aufrecht zu erhalten. Der Stammbetrieb VEB Stahl- und Walzwerk Hennigsdorf wird in die Hennigsdorfer Stahl GmbH eingebracht und eher fachfremde Produktionsbereiche wie die Wohnwagenfertigung werden abgegeben oder ausgelagert. Die Produktion endet im Jahre 1991.

Zwei Klassiker, die bis heute an die DDR erinnern: Trabant 601 und der auf ihn abgestimmte Wohnwagen QEK junior.

Weferlinger

Wohnwagen aus Weferlingen – einem Ort bei Haldensleben im Raum Magdeburg – sind jedem Campingfreund und jedem irgendwie an Fahrzeugen Interessierten in der DDR ein Begriff. Die PGH (Produktionsgenossenschaft Handwerk) „Heimstolz" ist nämlich neben der Linie Nagetusch-Bastei der Traditionsbetrieb im Wohnwagenbau in diesem Land. Dabei ist die Wohnwagenfertigung hier ebenfalls weit älter als die DDR, denn der Vorläufer, die Firma Wilhelm Luther aus Birkenwerder bei Berlin, kann auf Erfahrungen seit 1920 zurückgreifen. Und jener Diplomingenieur Wilhelm Luther ist zumindest noch im Jahre 1971 in der PGH als Konstrukteur tätig, wurde aber offenbar nach und nach aus seinem Betrieb herausgedrängt. Noch in den 1960er Jahren wird seine Firma genannt, Serienfertigung und Auftragsannahme hat da aber schon die PGH „Heimstolz" übernommen. Die Redaktion von „Der deutsche Straßenverkehr" nennt Luther in einem Bericht über das Werk und betont, dass Wilhelm Luther alle dort abgebildeten Wohnwagen konstruiert hat. Es sind fünf an der Zahl, vom Klappanhänger LC 3 über den da schon legendären kleinen LC 9-200 und dessen größeren Bruder LC 9-250 bis zu den beiden größeren Typen LC 9-285 und LC 350 (LC steht vermutlich für Luther Caravan).

Klein und hoch – und damit praktisch: Der Weferlinger Wohnwagen LC 9, eine Konstruktion des früher selbständigen Konstrukteurs Dipl. Ing. Wilhelm Luther. Hier ein restauriertes Exemplar im Jahre 2001, unter anderem ausgerüstet mit einem Gaskasten. Foto: Dr. Stefan Hillebrecht

CAMPINGANHÄNGER · LC 9

TYP HP 500.83/1-

285

Dieses praktische Modell unserer „LC-9" Varianten gehört auch im internationalen Maßstab zu den leichtesten Campinganhängern seiner Klasse. Das geringe Eigengewicht von 350 kg können bereits Zugwagen ab 700 ccm bewältigen.
Die hervorragenden Fahreigenschaften machen das Manövrieren auf der Straße zur Freude. Diese Eigenschaft verdankt der Anhänger dem wartungsfreien Fahrgestell, eine Spezialkonstruktion aus Stahlprofilen, mit hoher Eigendämpfung durch in Gummi gelagerte und gefederte Halbachsen. Die großen Bug- und Heckfenster gestatten vom Fahrersitz den freien Durchblick nach hinten.
Absolut wetterfest ist der widerstandsfähige Aufbau aus spezialpräparierten Sperrhölzern, wie sie auch im Flugzeugbau Verwendung finden. Die Lackierung sorgt für einen freundlichen Glanz und ein langes Leben.
Sicherer Halt beim Aufstellen ist auf jedem Gelände durch vier umklappbare Trapezgewindespindeln gewährleistet.

Der geräumige Innenraum hat bequem Platz für die ganze Familie. Die Ausstattung mit naturfarbigen Furnieren sowie freundlichen Vorhängen und Polstern machen den Aufenthalt angenehm und wohnlich.
Reichlich Sitzfläche ist für die Familie und natürlich für die Gäste vorhanden. Sowohl die vordere als auch die hintere Sitzgruppe kann einschließlich des herunterklappbaren Tisches zur Nacht mit wenigen Handgriffen in bequeme Schlafgelegenheit für Eltern und Kinder oder auch für überraschenden Besuch verwandelt werden. Sitz- und Liegepolster sind mit Reißverschlußbezügen ausgestattet und werden auf Wunsch mitgeliefert.
Ein Kleiderschrank mit Wäscheabteil und Spiegel bietet genügend Platz. Außerdem ist für reichlich Stauraum gesorgt; unter den Sitzflächen sowie in den Wandschränken mit Schiebetür sowohl im Bug und Heck über die ganze Wagenbreite.

Nach eigenem Speisezettel können die Mahlzeiten in der Kleinküche gegenüber der Eingangstür zubereitet werden. Der Küchenschrank mit sprelacartbeschichteter Deckelklappe über dem dreiflammigen Propangaskocher und dem Platz für Spüle bzw. Waschbecken nimmt die Vorräte auf. Eine Nische für zwei Kunststoff-Wasserbehälter sowie ein gesonderter Raum mit Bodenbelüftung für die 3-kg-Propangasflasche ist vorhanden.

Für die Belüftung des Wagens ist durch das beliebig hoch ausstellbare Dach, ausstellbare Bug- und Heckfenster sowie das separat zu öffnende Tür-Oberteil mit Fenster ausreichend gesorgt.
Zur Vervollkommnung des Komforts dienen zwei Wandleuchten und eine Steckdose für 220 Volt, mit Hausanschluß für Verlängerungskabel zur Stromquelle; außerdem zwei Deckenleuchten für 6 bzw. 12 Volt für Anschluß an den Zugwagen.

Der Sonne entgegen mit Wartburg 353 und LC 9-285 – die Prospektgestaltung weckt Sehnsüchte.

Zum Zeitpunkt des Redaktionsbesuches sind nur LC 9-200 und LC 9-250 in Produktion. Von dem größten Typ ist später nichts mehr zu hören, der LC 9-285 wird aber offenbar noch im selben Jahr anlaufen. Die kleineren Wohnwagen interessieren in der DDR natürlich in besonderem Maße, sind sie doch für den Trabant geeignet. Ohnehin beschreibt der Zeitschriftenartikel die Produktion als zahlenmäßig unzureichend, so dass davon auszugehen ist, dass es den LC 350 – die Ziffern stehen auch hier für die Aufbaulänge – nicht mehr lange gegeben hat.

Erhaltener Wohnwagen aus der frühen Zeit der Weferlinger. Noch interessanter ist das Zugfahrzeug, ein Trabant 600, der irgendwann zum 601 umgebaut wurde. *Foto: Heinz-Toni Sesterheim*

LC 9-200/250

Nur 220 Kilogramm schwer, mit maximaler Zuladung: 280 kg – das ist wahrlich eine technische Angabe, die die Herzen der Trabant fahrenden Campingfreunde hat höher schlagen lassen. Und mit dem Preis von 4800 Mark können viele auch (relativ gut) leben. Der zwei Meter lange Aufbau bringt es auf eine Breite von 1630 Millimetern und steht an seiner höchsten Stelle 2030 Millimeter über dem Erdboden. Das Dach ist dabei wohl gerundet und mildert so die hemmende Wirkung des Fahrtwindes. So kurz ist der Wohnwagen ausgefallen, dass die Tür mit einem Ausschnitt über dem Radlauf versehen werden muss. Bei geschlossenem Dach – es ist serienmäßig ausstellbar – bleibt eine Stehhöhe von 1800 Millimetern. Insgesamt ist das viel Raum für einen in der Grundfläche nur rund 3,25 m^2 bietenden Wohnwagen, Platzangst muss da nicht aufkommen. Das Fahrgestell besteht aus Stahlprofilen. Zwei Pendelhalbachsen hängen an einem Zentralrohr, eine Bauweise, die schon von sich aus die Räder – sie stammen vom Motorroller – gut abfedern kann. Kochfest verleimte Furnierplatten, so formuliert es der Prospekt, bilden die doppelt ausgeführten Aufbauwände, befestigt an einem Holzrahmen. Natürlich bleibt ein Wohnwagen dieser Größe ungebremst.

Platz ist selbst in der kleinsten Hütte – wohl auf kaum einen Wohnwagen trifft das so zu wie auf diesen Weferlinger. Dafür hat der Diplomingenieur in seiner Konstruktion viel untergebracht: Doppelbett in der Breite von 1120 Millimetern nach Umbau der Sitzecke über Eck und des Klapptisches, Küchenschrank mit zweiflammigem Propangaskocher – die Gasflasche ist im Boden platziert – Kleiderschrank mit Wäscheabteil und Spiegel, Wandschrank mit drei Fächern über der Liegefläche und eine (sehr) kleine Frisiertoilette. Als Extraausstattung sind zwei Schaumgummiauflagen – der Hersteller geht an sich davon aus, dass die Camper ihre Luftmatratzen benutzen – und ein Vorzelt genannt. Der kleine Wohnwagen hat auf jeder Seite ein Fenster, das in der Bugwand lässt sich ausstellen, hinzu kommt die Lüftungsmöglichkeit durch das Dach.

Genau so breit, aber um 500 Millimeter länger, setzt der LC 9-250 das Weferlinger Programm nach oben fort. Das Eigengewicht steigt dabei um 55 Kilogramm auf 255, aber da das Werk die Zuladung kurzerhand auf 25 Kilogramm beschränkt, obwohl der Wohnwagen größer ist, reicht auch diese Größe zumindest auf dem Papier für den Trabant. Erfahrene Camper werden damit umzugehen gewusst haben. Das Erscheinungsbild ist ausgewogener als beim kleinen LC 9, wenn ihm damit allerdings das ganz Außergewöhnliche doch abgeht.

Der Kleine ist gewachsen: Als LC 9-285 bildet der Weferlinger unter anderen ein Gespann mit dem Wartburg 353 – hier ein Prospektblatt von 1971.

LC 9-285

Endgültig trifft das auf den LC9-285 zu. Bei ihm ist nicht nur die Länge, sondern auch die Breite gewachsen. 1840 Millimeter statt 1630 mit der neuen Länge von 2850 Millimetern ergibt nun eine schon recht stattliche Grundfläche von gut 5,2 m². Das Doppelbett im Heck reicht jetzt über die ganze Wagenbreite, im Bug steht ein weiterer Schlafplatz zur Verfügung. Ansonsten ist der große Weferlinger wie die kleinen, es ist nur überall mehr Platz. Beim Eigengewicht von nur 350 Kilogramm erlaubt der Hersteller 100 Kilogramm Zuladung und empfiehlt für den ungebremsten Anhänger Zugwagen mindestens in der Größe des Skoda 1000 MB, wobei dann im Wohnwagen nur 30 Kilogramm Zuladung erlaubt sind. Oft wird er auch hinter dem weit verbreiteten Wartburg 353 gesehen. Bis 1983 leistet er wertvolle Dienste für die Camper mit größeren Zugfahrzeugen als dem Trabant.

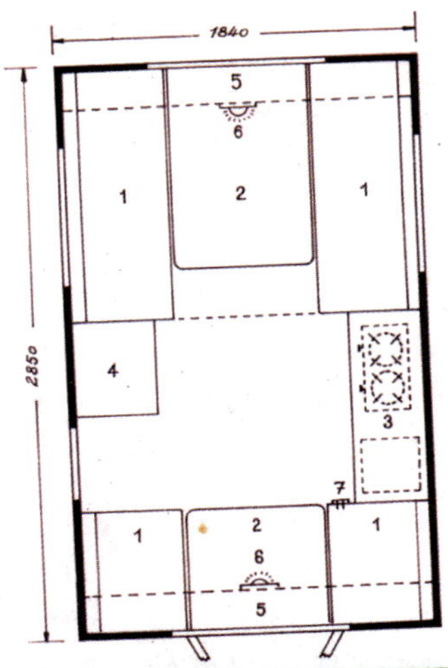

GRUNDRISS:

1. Sitzflächen (darunter Stauräume) aufgeklappt mit Heck Doppelliege und im Bug Einzelliege
2. Tisch und Dinette (herunterklappbar)
3. Kleinküche (dreiflammiger Propangaskocher, Spüle und Küchenschrank
4. Kleiderschrank
5. Wandschränke mit Schiebetüren
6. Wandleuchten 220 V und 6/12 V
7. Steckdose

TECHNISCHE DATEN:

Aufbaulänge	2850 mm
Gesamtlänge	3800 mm
Gesamtbreite	1860 mm
Gesamthöhe vom Erdboden	2100 mm
Stehhöhe im geschlossenen Wagen	1870 mm
Eigengewicht	350 kg
Gesamtgewicht mit Zuladung	max. 450 kg
Bereifung	5,20 – 13
Liegeflächen	1,83 × 1,26 m 1,78 × 0,65 m
Zugwagen	ab Skoda 1000 MB bei Zuladeeinschränkung auf 30 kg

Änderungen im Sinne einer weiteren Verbesserung vorbehalten

SONDERZUBEHÖR:

Polsterausstattung. Vorzelt 2,85 × 2,50 m Grundfläche mit Satteldach und Folienfenster sowie eingearbeiteter Belüftungsgaze lieferbar. Die Befestigung am Anhänger erfolgt in serienmäßig angebrachter Einzugschiene. Insektenschutz für Dachklappe

PRODUKTIONSGENOSSENSCHAFT DES HANDWERKS – HOLZ „HEIMSTOLZ" WEFERLINGEN
DDR 3243 WEFERLINGEN, MAGDEBURGER STRASSE 26a

VEB Heimstolz
3243 Weferlingen

Herbst 1989, in den Tagen des Mauerfalls: Der Auftritt des erneuerten Wohnwagens Aller 340 lässt erahnen, dass er unter den neuen Verhältnissen keine Zukunft haben wird.

Aller 300

Ein Plus in der Länge (150 Millimeter) und in der Breite (120 Millimeter) sowie in der Gesamthöhe ab Erdboden (210 Millimeter, aber nicht in der Stehhöhe, der nun 30 Millimeter fehlen), geben dem 1983 vorgestellten Nachfolger des LC 9-285 einen neuen Auftritt, ohne ihn zu einem modern aussehenden Wohnwagen zu machen. Erstmals trägt ein Weferlinger nicht mehr die alte Konstruktionsbezeichnung – die Mitarbeit des frühen Firmengründers im staatlichen Betrieb ist offenbar Geschichte – sondern einen „richtigen" Namen, nämlich den des Flusses Aller ganz in der Nähe des Produktionsstandortes. Die größeren Dimensionen haben das Eigengewicht um 50 auf 400 kg wachsen lassen, mit Zuladung dürfen es 550 sein. Völlig neu gezeichnet ist die Bugwand, sie ist jetzt leicht angeschrägt und das Dach setzt in einem kleineren Radius an. Die Tür und die seitlichen Fenster sind abgerundet anstatt kantig geführt, die Tür außerdem zweiteilig ausgeführt. Ein kräftiger Zierstreifen teilt die seitlichen Flächen neu auf. Bei der Aufteilung im Innenraum ist es im Prinzip geblieben, der Raumgewinn kommt natürlich auch den Liegeflächen zu Gute. Die Dopelliege im Heck wächst um zwei Quadratmeter.

Völlig überarbeitet ist das Fahrgestell. Die Räder – sie stammen vom Trabant – sind von Dreieckslenkern, Schraubenfedern und Teleskopstoßdämpfern geführt, es existiert nun eine Auflaufbremse mit Rückfahrautomatik.

Der Aller 300 hat seine inneren Werte im Wortsinn – im Falle eines Wohnwagens heißt das, zum Wohnen ist er gut geeignet, zum Fahren weniger. Dagegen steht eben die immer noch kaum windschlüpfige Form. „Der deutsche Straßenverkehr" macht das in seinem ausführlichen Testbericht in Heft 11/87 deutlich, als er vom „Haus am Haken" spricht, trotz des niedrigen Eigengewichtes. Chefredakteur Werner Sündram lobt die Wohnkultur des Aller 300 und stellt abschließend fest: „ … etwas könnte er sich strecken. Das täte der Figur gut und böte Raum, die Ein- und Ausstiegssituation konstruktiv besser zu lösen sowie der Aerodynamik entgegenzukommen, ohne daß daraus ein offensichtlicher Kompromiß zu Lasten der inneren Verhältnisse erwüchse. Wie wir hören, ist eine Weiterentwicklung im Werden. Wir sind gespannt."

Aller 340

Was da im Werden ist, nennt sich zwei Jahre später Aller 340. Wieder nimmt sich „Der deutsche Straßenverkehr" den Wohnwagen vor und kann feststellen, dass die inneren Verhältnisse sich sogar verbessert haben. Die gemütlich wirkende Holzmöblierung ist geblieben, die Sitzecke aber vom Heck in den Bug gewandert, wo sie bequemer Platz bietet. Die zwei Schlafstellen sind geblieben, 40 Zentimeter Längenzuwachs kommen der Doppelliege zu einem großen Teil zu Gute. Deckenschränke und andere Staumöglichkeiten haben den Innenraum noch praktischer gemacht. Der Testbericht lobt nicht nur den guten Geschmack der Produktplaner, sondern auch das hohe handwerkliche Niveau des Innenausbaus.

Der Aufbau erfolgt nach dem ursprünglichen Prinzip, mit Phenolharz – man kennt es von der Fertigung der Trabant-Karosserie – imprägniertes so genanntes Hartpapier sitzt von beiden Seiten auf dem Holzrahmen, die Zwischenräume sind jetzt mit Schaumpolystyrol gefüllt. Aus Gründen der Lastverteilung des länger gewordenen Wohnwagens

Schlussetappe: Der Aller 340 ist der größte Wohnwagen aus der Weferlinger Reihe und kommt erst 1989 auf den Markt. „Der deutsche Straßenverkehr" widmet ihm den Titel in Heft 11/89.

Damit ist alles gesagt: Die Bildzeile aus dem Test zum Aller 340.

findet der Flaschenkasten unter der Sitzbank einen neuen – von außen erreichbaren – Platz; die Deichsel ist entlastet. Noch praktischer und wohnlicher, aber ohne Fortschritt bei der Aerodynamik trotz der neu gestalteten Bugwand, das ist das Fazit des Testberichts. Als Heft 11/89 bei den Lesern und im Werk auf dem Tisch liegt, ist die Mauer in Berlin schon gefallen, der Markt, auch für Wohnwagen, wird sich bald öffnen für die DDR-Bürger – eine Entwicklung, die dem Aller 340 trotz all seiner Vorzüge keine Chance zum Überleben lässt.

Würdig 301

Das Dübener Ei in seiner letzten Form, schon mit dem zweiten Fenster in der Seitenwand und dem Bugfenster – ein Pressefoto aus dem Jahre 1979.

Das ist rekordverdächtig: 54 Jahre lang in nahezu unveränderter Form wird dieser Wohnwagen gebaut; in kleinen Stückzahlen zwar, aber unvergessen bis heute. Das „Dübener Ei", der Wohnwagen der Firma Würdig aus Bad Düben bei Leipzig, hat in der Tat eine erstaunliche Karriere hinter sich. Bereits 1936 stellt die Karosseriebaufirma, die schon seit 1918 Möbelwagen, Motorräder und Kleintransporter gebaut hat, ihren Wohnwagen vor. Beim VEB Campingwohnwagen, der 1972 verstaatlichten Firma am selben Ort, läuft der letzte mit dem Ende der DDR im Jahre 1990 vom Band.

Windschlüpfige Form und das sehr niedrige Eigengewicht – nur 270 kg erlauben eine Zuladung von 130 kg – sind die Kennzeichen des Wohnwagens, entnommen den Werksangaben von 1979. Natürlich geben ihm auch die kompakten Außenmaße eine besondere Stellung. In der Länge misst er nur 3850 mm, in der Höhe am mittleren, höchsten Punkt 2150 mm und in der Breite 1725 mm. Der Oberbau besteht aus Wänden aus einem Holzgerippe, auf das eine Hartpapierhülle aufgebracht wird, innen sorgen Sperrholzplatten für die Isolierung. Die eiförmige Linie des Wohnwagens hat Schwung und wirkt stimmig, sie entspricht der Mode und den Erkenntnissen der 1930er Jahre, als ja auch im Automobilbau sehr auf die Stromlinie geachtet wird. Schon damals wandelt man die Sitzecke in eine Liegefläche um, ist ein Gaskocher an Bord und stehen Schrank- und Ablagemöglichkeiten zur Verfügung. Für mehr als zwei ist der Würdig 301 ohne Vorzelt allerdings nicht geeignet.

Viel Weiterentwicklung hat er nicht nötig. Kleinere Räder, ein Fenster im Bug und später ein zweites neben dem schon vorhandenen in der Seitenwand sowie Entlüftungsschlitze über einem der Fenster und in der Tür sind kleine Schritte in der langen Produktionszeit. Während der Fertigung unter VEB-Regie heißt das Dübener Ei dann offiziell Camping-Anhänger Würdig 301-2.

Die Stückzahlen sind immer klein geblieben. Vor dem Zweiten Weltkrieg wurden nur wenige Exemplare ausgeliefert, in der DDR, wo der Wohnwagen 1955 wieder eingeführt wird, sind es verschiedenen Berichten zufolge nicht mehr als zehn im Jahr, die der kleine Betrieb auf die Räder stellt, natürlich auch in Abhängigkeit von der staatlichen Materialzuteilung. Diese Zahl lässt sich in den 1960er Jahren auf 20 bis 40 steigern nach der Verstaatlichung sind es dann bis zu 90 im Jahr. Zuletzt kostet das Ei in der DDR rund 6500 Mark, vorher rund 5000 Mark. Damit ist es der billigste Wohnwagen auf dem Markt, der Pkw Trabant liegt rund 2000 Mark darüber. Für ihn ist der Würdig natürlich

Beliebt bis heute – ein restaurierter Würdig 301 trägt seine originelle Eiform tatsächlich mit Würde …
Fotos: Dr. Stefan Hillebrecht

der ideale Anhänger, mit 400 kg Gesamtgewicht bei guter Zuladung lässt er sich ungebremst vom am meisten verbreiteten Auto der DDR mühelos ziehen. Wenn auch auf Grund der niedrigen Stückzahlen insgesamt nicht viele Camper sich ein Dübener Ei zulegen konnten, so hat es doch einen außerordentlichen Bekanntheitsgrad errungen und ist bis heute ein begehrter und nur noch selten zu findender Oldtimer-Caravan.

Unternehmen Eigenbau

Irgendwann konnte Ulrich Dähne dem Zelten nicht mehr nur gute Seiten abgewinnen. Der Traum vom Wohnwagen für die junge Familie aus Berlin reifte und schlug sich zunächst in einer Bestellungen für einen QEK Junior nieder. Das war Ende der 1970er Jahre, eine Wartezeit von vier Jahren stellte ihm der IFA-Vertrieb in Aussicht. In Vorfreude auf ein bequemeres Campingleben begutachtete der Maschinenbauingenieur und Diplom-Designer Dähne während eines Ungarnurlaubs 1978 – noch mit dem Zelt – Wohnwagen, vorzugsweise solche aus dem Westen, und fasst einen bedeutsamen Entschluss: Warum nicht einen Eigenbau versuchen?

In der DDR bestand natürlich stets eine große Bereitschaft zu Eigenbauten, die davor aufgestellten Hürden waren aber hoch. Eine Außenstelle der Volkspolizei nahm die Konstruktionen ab und überwachte die Einhaltung der verbindlichen Eckpunkte. Beim Wohnwagen betrafen sie vor allem die Außenmaße – breiter als 2000 mm war nicht erlaubt – und das Gewicht, die Festigkeit der Konstruktion und natürlich die Fahrsicherheit. Zu viel für einen Laien, aber zu

Der Traum vom eigenen Wohnwagen wird wahr: Ulrich Dähnes Eigenbau steht hier schon im Rohbau.
Foto: Ulrich Dähne

meistern für den Ingenieur. Dabei spielte Dähnes geradezu idealer Arbeitsplatz eine Rolle. Er arbeitete als Designer im Institut für Schienenfahrzeuge, ein Ort also, wo bei Entwicklungen mit vielfältigen Materialien umgegangen wird und wo Spezialisten aller Art zusammenarbeiten.

Denn so war die DDR: Man half sich, wo es ging, der examinierte Fahrzeugschweißer leistete seinen Teil wie der mit der Entwicklung eines Kühlwaggons befasste Kollege – hier gab es geeignete Bodenplatten. Parallel entstanden in der selben Zeit zwei weitere, ähnliche Eigenbauten aus dem Kreis der Helfer. Das ging dann seinen sozialistischen Gang, wie es Liedermacher Wolf Biermann einmal beschrieben hat, ohne Heimlichkeiten und Betrügereien und außerhalb der Arbeitszeit. Viel konnte Ulrich Dähne auch aus eigenem Können beitragen. Für den Aufbau entschied er sich für Gfk-Teile in Sandwichbauweise, zwischen die Schichten legte er Verstärkungsleisten und Isolierschaum. Insofern erinnert der Eigenbau an den Intercamp.

Herstellung der Negativformen, Laminieren der einzelnen

Professionell ausgedacht und gemacht. Der „Typ Dähne" überzeugt auch in der Optik.
Foto: Ulrich Dähne

Elemente und der Zusammenbau der Wände waren zeitintensiv. Es folgten Isolierung und Innenausbau. Die Hinterachse des Wartburg 353 zeigte sich als geeignet, nicht aber die viel zu weichen Wartburgfedern. Hier halfen Federn aus einem Eisenbahnzulieferbetrieb. Aus Vorsicht geriet manch ein Teil sehr massiv, wie Ulrich Dähne aus heutiger Sicht weiß. Sein Fahrgestell stattete er an den Radaufhängungen mit Brücken zur Abstützung der Federn aus, die jedoch viel Raum im Inneren des Wohnwagens beanspruchten. Bei umfangreichen Umbauarbeiten ab 2007 konnte er mit einer anderen Achskonstruktion wieder davon abkommen. Auch für die Inneneinrichtung hatte Dähne den richtigen Beruf. Eine Zeit lang amtierte er als ehrenamtlicher Gutachter für das Design von Campingmöbeln …

Nach vier Jahren war der Wohnwagen Typ Dähne – so die offiziellen Fahrzeugunterlagen – fertig und von der Behörde abgenommen. Mit 690 Kilogramm stellte er kein Leichtgewicht dar, der 70 cm kürzere Intercamp brachte es nur auf 520 Kilogramm, aber das war auch kein Eigenbau. Mit viel Gefühl für Flächen und Dimensionen

Der Urlaub im selbst gebauten Eigenheim kann beginnen – so sah die Campingwelt der Dähnes aus.
Foto: Ulrich Dähne

Ausgeklügelte Platzverhältnisse liegen der Wohnwagenkonstruktion zu Grunde – an Lichteinfall mangelt es außerdem auch nicht. Foto: Ulrich Dähne

platzierte der Designer je zwei seitliche Fenster und große Bug- und Heckscheiben. Das findet nicht jeder Camper praktisch, es verleiht dem Wohnwagen aber ein großzügiges Erscheinungsbild – und den Dähnes gefällt ein Wohnwagen so am besten. Übrigens, die Zuteilung für den 1978 bestellten QEK kam nicht 1982, wie in Aussicht gestellt, sondern erst 1987! Da waren die Dähnes schon lange fröhlich unterwegs mit ihrem Gespann, zum Ziehen nutzten sie zeitweise einen Zastava 1100 oder einen Lada.

Noch heute erregt Dähnes Wohnwagen auch auf internationalen Campingplätzen wohlwollendes Aufsehen, aber oft nach dem Motto: „Ach ist der süß, der Kleine … aber den haben Sie wirklich alleine gebaut??“

Mit der sehr großen und elegant wirkenden Bugscheibe setzte Ulrich Dähne einen persönlichen Wunsch um, die stärkere Sonnenstrahlung stört ihn nicht. Foto: Ulrich Dähne

IP 43-09

Am Ziel aller Wünsche, um sich Traumreisen zu ermöglichen: das respektable Dähne-Gespann mit Zastava und Wohnwagen. *Foto: Ulrich Dähne*

FM72-99